材料科学技术著作丛书

超细晶钛镍基形状记忆合金

佟运祥　郑玉峰　李　莉　著

U0232416

科学出版社

北　京

内 容 简 介

本书全面介绍超细晶钛镍基合金的制备工艺、显微组织与功能特性，并对其应用前景作出展望。全书共 8 章。第 1 章简要介绍形状记忆合金基本概念与特性。第 2 章至第 6 章分别阐述超细晶钛镍基合金粉末、薄膜以及利用高压扭转、等径角挤压、冷轧/冷拔工艺制备的超细晶钛镍基合金块体材料的研究情况。针对钛镍合金在生物医学领域的应用，第 7 章介绍超细晶钛镍合金的表面改性工艺及其对生物相容性的影响。第 8 章总结超细晶钛镍基合金的应用并对其发展前景进行展望。

本书适合从事形状记忆材料研究及其工程应用技术开发的科技人员阅读，也可供工科院校相关专业师生参考。

图书在版编目（CIP）数据

超细晶钛镍基形状记忆合金 / 佟运祥，郑玉峰，李莉著. —北京：科学出版社，2017.6
（材料科学技术著作丛书）
ISBN 978-7-03-052925-1

Ⅰ. ①超⋯ Ⅱ. ①佟⋯ ②郑⋯ ③李⋯ Ⅲ. ①超细晶粒–钛基合金–镍基合金–形状记忆合金–研究 Ⅳ. ①TG139

中国版本图书馆 CIP 数据核字(2017)第 119712 号

责任编辑：牛宇锋 / 责任校对：桂伟利
责任印制：张　伟 / 封面设计：蓝正设计

科学出版社 出版
北京东黄城根北街 16 号
邮政编码：100717
http://www.sciencep.com
北京中石油彩色印刷有限责任公司 印刷
科学出版社发行　各地新华书店经销
*
2017 年 6 月第 一 版　　开本：720×1000　B5
2021 年 5 月第三次印刷　印张：12 3/4
字数：241 000
定价：88.00元
（如有印装质量问题，我社负责调换）

序

1963 年，美国海军军械实验室的 Buehler 等偶然间发现了近等原子比钛镍合金的形状记忆效应。自此以后，世界范围内掀起了形状记忆合金研究的热潮。钛镍基合金表现出了丰富的马氏体相变行为、优异的形状恢复特性与良好的生物相容性等。上述特性与合金晶粒尺寸之间的关系一直是研究热点之一。大量研究已经证实，晶粒细化是改善钛镍基合金形状恢复特性的有效手段。1990 年，研究人员首先采用传统的冷轧工艺制备了非晶/超细晶钛镍合金。伴随着超细晶材料制备技术的不断发展，等径角挤压、高压扭转与电塑性加工等新的塑性变形技术逐渐被应用于钛镍基合金。这直接推动了研究人员对马氏体相变行为与形状恢复特性的晶粒尺寸效应等的深入理解，丰富了形状记忆合金的基础理论，同时也提升了钛镍基合金的应用空间。时至今日，部分超细晶钛镍基合金产品已经进入市场，如用于高压管路连接用管接头、血管夹等。有理由相信，随着研究的不断深入，超细晶钛镍基合金必将在机械、航空航天、核工业、信息、生物医学等领域的应用中绽放光彩。

该书的作者均为近年来活跃在超细晶金属材料领域的科研人员，他们的研究方向联系紧密，但各有侧重。佟运祥侧重于研究超细晶钛镍基合金的制备工艺、微观组织、马氏体相变与形状恢复特性之间的内在联系；郑玉峰主要关注超细晶金属材料的生物医学应用与表面改性研究，在这方面开展了很多原创性研究，有一定的国际影响；李莉则从事超细晶金属材料的制备工艺研究，利用大塑性变形工艺成功实现了超细晶金属材料的大尺寸化和批量化制备。在该书撰写过程中，作者收集和整理了有关超细晶钛镍基合金方面的数百篇文献，并融入自身的研究结果，这使得该书在内容上能够全面系统地反映研究现状。

超细晶钛镍基合金的优异特性意味着其应用将更加广泛，其产品设计也不同于粗晶合金。这本著作将有助于读者了解和掌握超细晶钛镍基合金的相关知识，进一步发掘其新奇性能与潜力，有针对性地开展其应用研究，促进记忆合金产业的发展与进步。

中国工程院院士

2017 年 6 月 15 日

前　言

形状记忆合金是一类集感知与驱动为一体的前沿材料。作为其中的重要代表，钛镍基合金凭借其形状记忆效应、超弹性、阻尼特性与生物相容性等优异特性，已经在航空航天、船舶、机械、电子、生物医学等领域获得广泛应用。钛镍基合金的大部分优异性能与其显微组织，尤其是晶粒尺寸密切相关。典型钛镍基合金的晶粒尺寸通常为数十微米。近年来，新的材料加工技术不断涌现，钛镍基合金的显微组织已被成功细化至亚微米甚至数个纳米量级。由于独特的缺陷与细小的晶粒尺寸，超细晶钛镍基合金表现出粗晶合金所不具备的力学或物理性能，成为形状记忆合金领域的研究热点之一。事实上，工程和生物医学中广泛使用的钛镍基合金薄板或超细丝材大部分为超细晶材料。然而至今尚无专门的、系统的介绍该类材料的著作。本书的目的在于全面介绍超细晶钛镍基合金的制备工艺、显微组织与功能特性并对其应用前景做出展望，希望为材料研究与工程应用机构和工程技术人员提供超细晶钛镍基合金方面的系统知识，促进该合金的应用与发展。

超细晶钛镍基合金的制备工艺种类繁多，且各具特点，既包括较为古老的机械合金化、冷轧或冷拔工艺等，也包括新近发展起来的高压扭转、等径角挤压等剧烈塑性变形工艺；合金形式也多种多样，涵盖粉末、薄膜/薄带、块体合金等。考虑制备工艺的复杂性及其对合金显微组织、马氏体相变与力学特性等的重要性，本书的章节划分以制备工艺为主，同时兼顾合金形式。本书共 8 章。第 1 章简要介绍形状记忆合金基本概念与特性，包括马氏体相变、形状记忆效应、超弹性以及阻尼特性等，以及钛镍基合金的相图与相结构、相变行为和超细晶钛镍基合金发展概况等。第 2 章至第 6 章分别全面阐述超细晶钛镍基合金粉末、薄膜以及利用高压扭转、等径角挤压、冷轧/冷拔工艺制备的超细晶钛镍基合金块体材料的研究情况。针对钛镍基合金在生物医学领域的应用，第 7 章介绍超细晶钛镍基合金的表面改性工艺及其对生物相容性的影响。第 8 章总结超细晶钛镍基合金的应用并对其发展前景进行展望。阅读时请注意，不同制备工艺具有不同的特点，因此所获得的超细晶钛镍基合金很难直接比较。

本书撰写分工如下：郑玉峰负责第 1 章与第 7 章；李莉负责第 2 章，佟运祥负责第 3 章、第 4 章、第 5 章、第 6 章与第 8 章。

本书出版之际，衷心感谢导师赵连城院士对郑玉峰与佟运祥两位作者的指导与培养。在哈尔滨工业大学的学习和工作使我们进入形状记忆合金研究的殿堂，有幸见识到形状记忆合金研究领域国际学者的风采。感谢新加坡南洋理工大学 Liu Yong 教授对佟运祥的培养。在南洋理工大学学习期间，深切感受到世界一流学府的氛围，体会到严谨求实的治学精神与一丝不苟的做事风格。感谢哈尔滨工业大学蔡伟教授、孟祥龙教授等长期以来的关心、鼓励和支持。

感谢国家自然科学基金(51671064)与哈尔滨工程大学中央高校基本科研业务费对本书出版的资助。

由于作者水平有限，本书难免有不妥之处，热忱期待读者批评指正。

目　　录

第1章 形状记忆合金概述

1.1 形状记忆合金的发展历史

合金在低温下由于外力作用产生明显的残余变形，将其加热至某一温度以上，合金自动恢复其原始形状，这一特殊现象被称为形状记忆效应。形状记忆合金是能够记忆原始形状的一类金属智能材料。图 1-1 所示为形状记忆效应的示意图[1]。形状记忆合金的另一个重要特性是超弹性，其特征在于对处于高温相状态的合金施加外力，使其发生较大变形，外力撤除后合金恢复原始形状，此过程外界并不对合金输入热量。有关形状记忆效应的相关现象最早可追溯到 1932 年瑞典科学家 Ölander 在 AuCd 合金中发现的类橡皮效应[2]。1951 年，Chang 与 Read 在 AuCd 合金单晶中观察到形状记忆效应[3]，随后 Burkart 与 Read[4] 以及 Basinski 与 Christian[5] 也在 InTl 合金中观察到类似现象。在 20 世纪 50 年代，CuZn 与 CuAlNi 合金也相继被发现具有形状记忆效应或超弹性[6]。然而，当时人们并未认识到上述现象的重要性。1959 年，美国海军军械实验室的 Buehler 等将近等原子比 TiNi 合金作为阻尼材料开发研究，并将其命名为 NiTiNOL(Nickel Titanium Naval Ordance Laboratory)[7]。1963 年，Buehler 等偶然在 NiTiNOL 合金中观察到形状记忆效应的现象，并将此现象命名为"形状记忆"[6, 8]。这是形状记忆合金发展历史中具有里

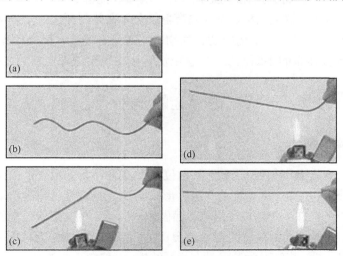

图 1-1　形状记忆效应示意图

程碑意义的事件。与 AuCd 和 InTl 等合金相比较, 近等原子比 TiNi 合金在形状记忆效应、力学性能以及加工性能等诸多性能方面均具有明显优势。因此, TiNi 形状记忆合金甫一出现即引发了研究热潮。随后, 以 FeMnSi 为代表的 Fe 基形状记忆合金[9, 10]、以 NiMnGa 为代表的磁性形状记忆合金[11]等新的合金体系不断涌现。据统计, 目前具有不同特性的形状记忆合金的种类已达到五十多种。有关形状记忆效应详尽的早期发展历史可参考文献[6]、[7]。

经过长期努力, 人们对形状记忆合金中诸多新奇现象已经有了深入了解, 如单程形状记忆效应、双程形状记忆效应、超弹性以及生物相容性等。马氏体相变热力学、晶体学等基础理论也取得了长足的进展。近年来, 各种新的加工技术, 如磁控溅射[12]、快速凝固[13]、高压扭转(high pressure torsion, HPT)[14]、等径角挤压(equal channel angular pressing, ECAP)[15]、电塑性加工[16]、增材制造[17]等均被用来处理形状记忆合金。多种新颖结构的形状记忆合金, 如薄膜、薄带、多孔材料、超细晶材料等均获得了较充分的研究。随研究的不断深入, 人们发现了更多具有超常形状记忆性能的材料, 如 TiNi 基应变玻璃[18]、超弹性巨大的 FeNiCoAlTaB 合金[19]、超弹性温度区间高达 150℃的 FeMnAlNi 合金[20]、超大弹性应变和低弹性模量及高屈服强度的 TiNi 基复合材料[21]、功能性疲劳寿命超过 10^7 次的 TiNiCu 基合金薄膜[22]以及超轻 MgSc 合金[23]等。

在形状记忆合金应用方面, 1971 年美国 Raychem 公司开发了 TiNiFe 形状记忆合金管接头, 并将其成功应用于 F-14A 战斗机的钛液压管路[24]。这开启了形状记忆合金应用的序幕。四十余年来, 人们根据形状记忆合金的各种特性发展了种类繁多的应用产品, 并将其应用于航空航天、机械、能源、电子、医学和日常生活等领域, 如管接头、解锁结构、振动隔离器、介入支架与牙齿矫形丝等, 已经成功应用于紧固连接、卫星、结构振动、生物医用等诸多场合。随基础理论研究的持续深入与新合金体系的不断发现, 形状记忆合金的应用领域必将随之扩展。

1.2　形状记忆合金的基本概念与特性

1.2.1　马氏体相变

马氏体相变是指"替换原子经无扩散位移(均匀和不均匀形变), 由此产生形状改变和表面浮凸, 呈不变平面特征的一级、形核-长大型的相变。或简单地称马氏体相变为: 替换原子无扩散切变(原子沿相界面做协作运动), 使其形状改变的相变"[25]。相变过程中, 高温相通常被称为母相或奥氏体相, 低温相被称为马氏体相; 母相由于具有较高对称性, 将转变为若干具有相同结构, 但位向不同的马氏体变体。相邻变体间关系为孪晶。热形成马氏体变体以变体组的形式存在, 每组由三个马氏体变体组成, 同一组内的变体间具有良好的自协作关系以协调马氏体的弹性应变[1, 26]。

根据马氏体相变热力学, 马氏体相变可分为热弹性马氏体相变与非热弹性马氏体相变。热弹性马氏体相变的特征主要有较小的驱动力与相变滞后、可移动的孪晶界面以及晶体学可逆性等, 而非热弹性马氏体相变则相反[27]。大部分形状记忆效应与超弹性现象均来自于热弹性马氏体相变。

母相与马氏体相在结构上存在显著差异, 致使相变过程中合金的电阻率、热焓以及磁化率等物理性质均发生变化。这些物理量随温度的变化可用来表征马氏体相变行为。在分析热诱发马氏体相变行为时, 电阻法[28]与差示扫描量热法[16]是目前广泛采用的两种手段, 如图 1-2 所示。为避免产生混淆, 本书采用广为接受的马氏体相变特征温度表示方法, 具体如下:

M_s——冷却时马氏体相变起始温度;

M_f——冷却时马氏体相变结束温度;

M_p——冷却时马氏体相变峰值温度;

A_s——加热时马氏体逆相变开始温度;

A_f——加热时马氏体逆相变结束温度;

A_p——加热时马氏体逆相变峰值温度。

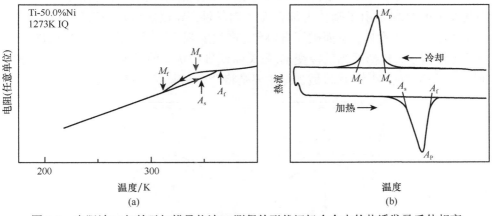

图 1-2　电阻法(a)与差示扫描量热法(b)测得的形状记忆合金中的热诱发马氏体相变行为示意图

1.2.2　形状记忆效应

图 1-1 所示的形状记忆效应通常被称为单程形状记忆效应。形状恢复后的材料在冷却时不会发生形状变化, 即形状记忆效应只在加热过程中发生(仅有母相形状被记忆了)。如果在加热过程中遇到外界阻力, 合金为实现形状恢复将产生恢复力。对于呈现热弹性马氏体相变的形状记忆合金而言, 单程形状记忆效应的机理

主要与马氏体变体再取向有关。图 1-3 所示为 Otsuka 等提出的解释单程形状记忆效应的机理示意图[1]。合金母相冷却后形成具有自协作形貌的马氏体,此时宏观形状无任何变化。之后,马氏体经变形发生再取向,宏观形状发生变化;在加热时由于晶体学的可逆性,导致合金只能恢复母相原始形状。

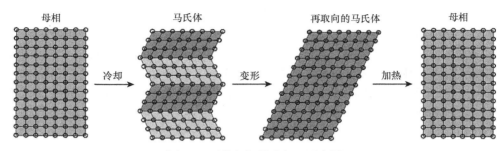

图 1-3　形状记忆效应机理示意图

除单程形状记忆效应外,经过某些特殊处理后,合金既可以记忆母相形状,又可以记忆马氏体相形状,即合金在加热和冷却往复变化过程中可以自行在两种形状间变换。这种行为被称为双程形状记忆效应。单程与双程形状记忆效应的直观比较如图 1-4 所示[29]。双程形状记忆效应并不是材料的自然内在性质,一般认为其发生的机理是由于基体内部存在各向异性,导致热诱发马氏体形成时变体在此作用下择优取向,从而破坏自协作,产生宏观变形[28]。获得双程形状记忆效应的方法很多,包括适当的冷变形(马氏体或母相状态的过量变形)[30]、热机械训练[31]以及约束时效[32]。热机械训练主要是将合金在温度和应力交替或复合作用下

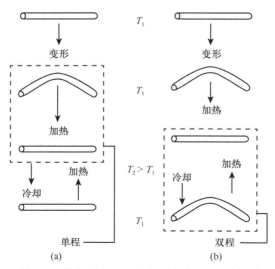

图 1-4　单程(a)与双程(b)形状记忆效应示意图

经历多次从母相到择优取向马氏体或从变形马氏体到母相的相变，包括形状记忆训练、恒应力下的温度循环和超弹性循环、恒应变下的温度循环和约束循环，以及它们的复合工艺等[26, 28]。文献报道中常见的全程形状记忆效应是双程形状记忆效应的一种，其可以通过约束时效处理工艺获得。

　　形状记忆效应的表征可采取恒载荷下应变-温度法[33]、弯曲法[34]以及拉伸(压缩)法[35]。这里举例介绍常见的恒载荷下应变-温度法。图 1-5 所示为恒载荷作用下形状记忆合金的应变-温度曲线示意图。测试过程如下：合金首先在零载荷下加热到母相状态后，施加外力并降温至 M_f 温度以下，然后加热至 A_f 温度以上完成逆相变。图中 ε_M 由应力诱发马氏体相变应变与冷却时产生的塑性变形组成；ε_R 为加热时的恢复应变；ε_P 为冷却和加热过程中产生的塑性变形，又称为不可恢复变形[33]。通过改变外加载荷大小，可确定合金的最大可恢复应变、临界滑移应力等。同时，利用此种方法也可获得外力作用下合金的相变温度与相变温度滞后等。

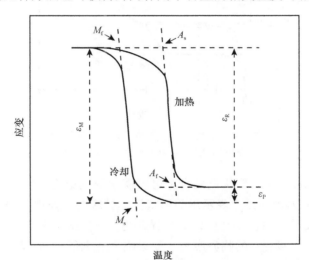

图 1-5　恒载荷作用下形状记忆合金的应变-温度曲线示意图

1.2.3　超弹性

　　所谓超弹性是指将合金在母相状态下变形，发生应力诱发马氏体相变，卸载时由于发生应力诱发马氏体相变的逆相变，形变自动恢复的行为[26, 28, 29]。此过程中远超过弹性极限的应变被完全或部分恢复。考虑与经典弹性现象在机制方面的不同，又称为伪弹性。根据上述定义，可见超弹性的本质在于应力诱发马氏体相变及其逆相变。图 1-6 所示为形状记忆合金中超弹性变形行为的典型应力-应变曲线[36]。可见，超弹性变形行为的特征主要包括以下几点：①仅在母相状态的合金中发生；②应力-应变曲线中出现应力平台，平台的长度可反映出超弹性应变量的大小；③超弹性变形行为不符合胡克定律；④存在应力滞后，即变形过程中存在能量损耗，可用应力-应变环路曲线所包含的面积表示。依据 ASTM 标准(F2516-14)，采用拉伸变形表征 TiNi 合金超弹性时，上平台应力为加载曲线中 3%应变对应的应力，下平台应力为卸载曲线中 2.5%应变对应的应力，两者之间的差值为应力滞后[36]。上述特征在某些特殊情况下并不能全部观察到，例如晶粒尺寸约为 10nm 的 TiNi 合金在发生应力诱发马氏体相变时其应力-应变曲线上并未表现出明显的应力平台[37]。

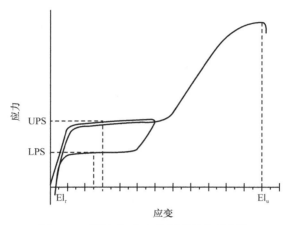

图 1-6　形状记忆合金的超弹性变形行为
UPS 表示上平台应力，LPS 表示下平台应力

　　根据测试温度不同，形状记忆合金可表现出形状记忆效应或超弹性。图 1-7所示为在温度-应力坐标系中表示出的形状记忆效应与超弹性区的示意图[38]。其中正斜率的直线表示应力诱发马氏体的临界应力，符合克劳修斯-克拉珀龙方程；负斜率的直线表示滑移变形的临界应力。如果临界应力低于 B 线，则超弹性不会出现，因为在应力诱发马氏体之前已经发生了不可逆的滑移变形。此时，如果测试温度高于 A_f 时，当外加应力高于诱发马氏体的临界应力，同时又低于母相的滑移临界应力(A)时，超弹性出现在图中负斜率直线 A、正斜率直线和 A_s 温度曲线所包围的区域(阴影部分区域)。马氏体在温度高于 A_f 点以上时不稳定，因此卸载过程中应力诱发马氏体相变的逆相变发生。由于马氏体相变是晶体学可逆的，所以卸载过程中我们可以观察到图 1-6 中所示的超弹性。当温度低于 A_s 点时，马氏体是稳定的。此时，如果卸载，合金将维持在变形状态，并且这种变形只有加热到 A_f 点以上才可以通过马氏体逆相变得以恢复。当温度介于 A_s 与 A_f 之间时，形状记忆效应和超弹性部分出现。图 1-7 意味着合金发生形状记忆效应与超弹性的条件之一是避免在变形时出现滑移。可见，提高合金的临界滑移应力可有效改善形状效应与超弹性。在这

方面, 加工硬化、时效强化、晶粒细化与合金化等物理冶金手段均可行。

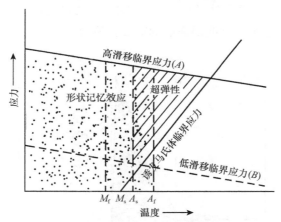

图 1-7　形状记忆效应与超弹性关系示意图

1.2.4　阻尼特性

　　材料的阻尼特性是指能够快速将机械振动通过耗散机制转变为不可逆热能的一种性能。它对于抑制振动与噪声具有重要意义和价值。形状记忆合金在马氏体状态、相变过程均表现出优异的阻尼特性。需要注意, 相变包括热或应力诱发马氏体相变。马氏体的高阻尼与马氏体变体的界面运动和变体的内部缺陷有关[39]。TiNi 基合金马氏体的阻尼损耗因子在 0.01~0.03[40, 41], 通过掺杂 H 可以进一步提高其阻尼特性[42, 43]。TiNi 基合金马氏体作为阻尼材料应用的主要问题在于其屈服强度较低, 引入强化相制备金属基复合材料为发展高强高阻尼合金提供了可能途径。

　　热诱发马氏体相变时, 形状记忆合金的阻尼(Q^{-1})来自于三部分, 如图 1-8 所示[44]。

$$Q_{\text{tot}}^{-1} = Q_{\text{Tr}}^{-1} + Q_{\text{Pt}}^{-1} + Q_{\text{int}}^{-1} \tag{1-1}$$

Q_{Tr}^{-1} 是 Q_{tot}^{-1} 中的瞬态部分, 仅在冷却和加热时存在, 并且取决于温度速率、频率、振幅等外部参数。Q_{Tr}^{-1} 与相变动力学有关, 与单位时间内相变的体积分数成正比。Q_{Pt}^{-1} 是 Q_{tot}^{-1} 中的相变部分, 与相变机制有关, 与相变速率无关。当界面可动性最大时, Q_{Pt}^{-1} 呈现很小的峰。Q_{int}^{-1} 是 Q_{tot}^{-1} 中的固有部分, 由每个相的阻尼组成, 依赖于合金的显微组织, 尤其是在马氏体相时。发生热诱发马氏体相变时, TiNi 基形状记忆合金的阻尼损耗因子可高于 0.1[45]。然而, 这需要在恒定的加热或冷却速率下才能获得。研究表明[45], 在相变区间保温时, 合金的阻尼损耗因子随时间衰减很快。因此, 形状记忆合金马氏体的高阻尼更具有工程意义。

如 1.2.3 节所述，应力诱发马氏体相变时的滞后行为同样可以消耗能量。这种情况下，通常需要进行几百次的应力-应变循环以稳定超弹性。新开发的 TiNiCu 基合金薄膜表现出超乎寻常的超弹性稳定性及疲劳寿命[22]，有望应用于阻尼减振领域。

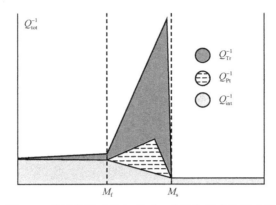

图 1-8　热诱发马氏体相变时 Q^{-1} 及其组成的示意图

1.2.5　生物相容性

生物相容性是指材料在机体内呈现恰当反应的能力，是材料用于生物医学领域时所必须考虑和评价的重要指标，可分为生物学反应与材料反应两部分，前者包括血液反应、免疫反应和组织反应，后者包括材料物理与化学性质的变化[46]。生物相容性评价的基本原则是要求生物材料具有很低的毒性，同时要求材料在特定的应用中能够恰当地激发机体相应的功能，即生物安全性和生物功能性[47]。

作为生物材料使用的形状记忆合金主要是 TiNi 基合金[48]。Ni 是机体不可缺少的微量元素，但是摄入过量 Ni 元素对细胞有明显的毒性作用并损伤细胞，并有致癌倾向。纯 Ti 对人体是无害的，能够被局部组织较好耐受，不会诱发毒性或炎性反应。在合适情况下，Ti 能够与骨结合。体内与体外的系统研究均表明，TiNi 基合金具有良好的生物相容性。作为长期植入物，近等原子比 TiNi 合金中 Ni 离子溶出会对机体产生一定的毒性。目前解决 Ni 离子溶出方法主要是对 TiNi 合金进行表面改性[49]或开发无 Ni 的 Ti 基形状记忆合金[50]。

1.3　钛镍基形状记忆合金

自 TiNi 合金中发现形状记忆效应至今已有五十余年，有关 TiNi 合金的基础理论与应用研究获得了极大进展。TiNi 基合金的发展历史可分为 3 个阶段[51]：①1963～1986 年，开展了初步的基础研究，包括相变行为、晶体结构、显微组织、力学性能和冶炼加工制备技术等。TiNi 基合金管接头、牙齿矫形丝和骨科器械已进入市场。②1987～1994 年，深入细致地研究了基础理论，包括形状恢复机制、线性超弹性和非线性超弹性的影响因素等。此时期是 TiNi 合金工程应用的鼎盛时期。③1995 年至今，新的加工技术与基础理论问题不断出现，如烧结、磁控溅射、剧烈塑性变形以及增材制造等新技术，以及马氏体的几何非线性理论[52]、应变玻璃及其奇异特性[18]等。

为更好地理解后续章节内容，本节简要回顾 TiNi 基形状记忆合金的相图、相结构以及相变行为等。更具体的基础研究与应用方面的内容可参阅相关书籍与综述性论文[26, 28, 29, 48, 53, 54]。

1.3.1　相图与相结构

相图是制订合金热处理工艺和调控性能的重要依据。研究者对 TiNi 二元合金相图的研究自 20 世纪 50 年代开始，经过长期争论，直到 1999 年才由 Otsuka 与 Ren 等最终确定[55]。图 1-9 所示为 Otsuka 等在 Massalski 等报道的相图[56]基础上修正而来[55]，插图所示为 TiNi 相与 Ti_3Ni_4 之间的相平衡情况[1]。Otsuka 等的修正主要是取消了 TiNi 相在 630℃左右的共析分解与 1090℃时 TiNi 相的有序-无序转

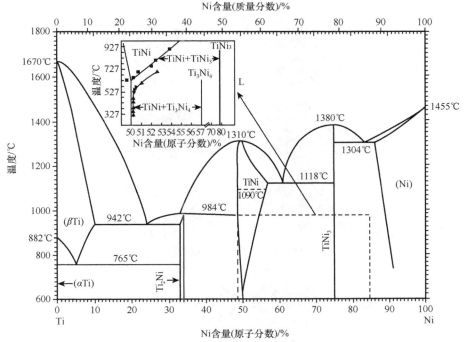

图 1-9　TiNi 二元合金相图

变。TiNi 合金的形状记忆效应由位于等原子比成分附近的 TiNi 相实现, 如图 1-9 所示。TiNi 相是 B2 有序结构, 室温晶格常数为 0.3015nm[57]。描述马氏体相变时, 常采用 B2 表示母相。Ti_2Ni 相为立方结构, 空间群为 Fd3m。晶格常数为 1.132nm, 单胞中含有 96 个原子[53]。TiNi 合金在熔炼过程中由于残余氧的影响, 常出现 Ti_4Ni_2O 相, 其晶体结构与 Ti_2Ni 一致。$TiNi_3$ 相为六方结构, 其晶格常数为 $a=0.51010nm$, $c=0.83067nm$ 和 $c/a=1.6284$[53]。由图可见, 在富 Ti 一侧, 溶解度极限几乎不受温度影响; 在富 Ni 一侧, 溶解度极限随温度降低而下降。这意味着可以利用时效强化来改善富 Ni 的 TiNi 合金的性能。时效处理对富 Ti 的 TiNi 块体合金并无效果, 但在非晶薄膜的晶化中, 可以获得了 Ti_2Ni 相与 GP 区等强化相[58]。

目前对富 Ni 的 TiNi 二元合金的时效过程已有大量研究。随时效温度升高或时间延长, 富 Ni 的 TiNi 合金中析出相依次为 $Ti_3Ni_4 \rightarrow Ti_2Ni_3 \rightarrow TiNi_3$, 其中前两者为亚稳相, $TiNi_3$ 为稳定相[59]。弥散分布的共格 Ti_3Ni_4 析出相常被用来强化基体, 因此对其研究最为充分。Ti_3Ni_4 相为菱方结构, 属 R3 空间群, 单胞中含有 6 个 Ti 原子和 8 个 Ni 原子, 晶格常数为 $a=0.670nm$, $\alpha=113.8°$[60-62]。图 1-10 所示为 Ti_3Ni_4 相在基面上的堆垛情况[62], 基面为$(001)_h$。Ti_3Ni_4 相与 B2 母相的取向关系为 $(001)_h//(111)_{B2}$, $[010]_h//[\bar{2}13]_{B2}$。

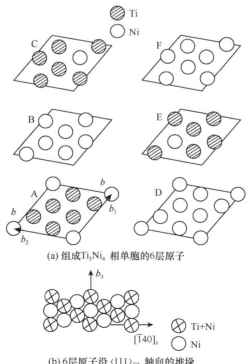

(a) 组成Ti_3Ni_4 相单胞的6层原子

(b) 6层原子沿$\langle 111 \rangle_{B2}$ 轴向的堆垛

图 1-10　Ti_3Ni_4 相在基面上的堆垛情况

1.3.2　钛镍基合金的马氏体相变

　　TiNi 基合金中马氏体相变现象极为丰富。近等原子 TiNi 合金冷却时,B2 母相可转变为两种不同的相变产物。一个相变产物是 B19′ 单斜结构的马氏体,其单胞中含有 4 个原子,为 P21/m 空间群,晶格常数普遍以 Otsuka 等测得的 a =0.2889nm,b=0.4120nm,c=0.4622nm 和 β=96.8°为准[63]。另一个相变产物是三斜结构的 R 相,属 P3 空间群,在相变温度附近,其晶格常数为 a=0.738nm,c=0.532nm[28]。利用 Cu 元素取代 Ni 元素,当 Cu 含量超过 7.5%(原子分数)时,B2 母相首先转变为 B19 正交结构的马氏体,属 Pmmb 空间群,其晶格常数为 a=0.2918nm,b=0.4290nm,c=0.4504nm(Ti$_{50}$Ni$_{25}$Cu$_{25}$ 合金)[64]。图 1-11 所示为 TiNi 基合金中 B2 母相与 B19 马氏体和 B19′马氏体相之间的结构关系[55]。

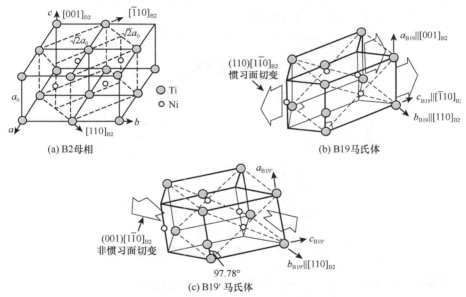

图 1-11　TiNi 基合金的母相、B19 马氏体相与 B19′马氏体相的晶体结构以及从母相到马氏体相的结构转变

　　图 1-12 总结了冷却时 TiNi 基合金的马氏体相变类型[53]。固溶处理的近等原子比 TiNi 合金表现出 B2→B19′马氏体相变。经过某些处理,如加入第三组元 Fe[65] 或 Al[66]、富 Ni 合金时效[67] 或利用冷加工等提高位错密度[68]后,R 相可以在 B19′ 马氏体相形成前出现。添加适量 Cu 元素可以在 TiNi 基合金中诱发 B2→B19→B19′ 相变[69]。

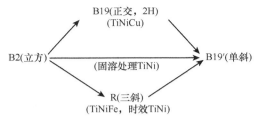

图 1-12　TiNi 基合金的马氏体相变类型

　　Ni 含量对近等原子比 TiNi 合金的相变温度影响显著。一般认为, 对于富 Ni 合金, Ni 含量每升高 1%(原子分数), M_s 温度将下降约 100℃。Tang[70]总结了 M_s 温度随 Ni 含量的变化, 如图 1-13 中虚线所示[71]。Frenzel 等[71]通过比较不同熔炼及固溶处理过程, 排除了不同过程产生的成分偏离及析出对相变温度的影响, 修正了 Tang 总结的曲线, 如图 1-13 中实线所示。

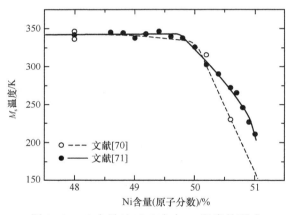

图 1-13　Ni 含量对 TiNi 合金 M_s 温度的影响

　　为满足不同的应用需求, 常用的手段之一是添加各种合金元素。图 1-14 总结了 Fe、Pd、Pt、Hf、Co、V、Mn、Au、Zr、Al 和 Cr 等合金元素对 TiNi 合金 M_s 温度变化的影响[53]。按照第三组元对相变温度的影响, 可将其分为两类, 一类是降低相变温度的元素, 另一类是升高相变温度的元素。降低相变温度的元素主要包括 Fe、Co、V、Mn、Al、Cr 与 Nb 等, 升高相变温度的元素包括 Pd、Pt、Au、Hf 与 Zr。升高相变温度的元素中前三者取代 Ni 元素, 后两者与 Ti 同主族, 取代 Ti 元素。合金元素对马氏体相变行为的影响机制目前尚无定论。

　　Cu 元素对 TiNi 合金马氏体相变行为的影响较为特殊。图 1-15 所示为 Cu 含量与 $Ti_{50}Ni_{50-x}Cu_x$ 形状记忆合金相变温度之间的关系[69], 其中 M_s' 表示转变为 B19 马氏体的相变起始温度, M_s 表示转变为 B19′马氏体的相变起始温度。可见, 当 Cu 含量低于 7.5%时, 相变类型不发生变化。当 Cu 含量高于 7.5%时, B2→ B19→B19′

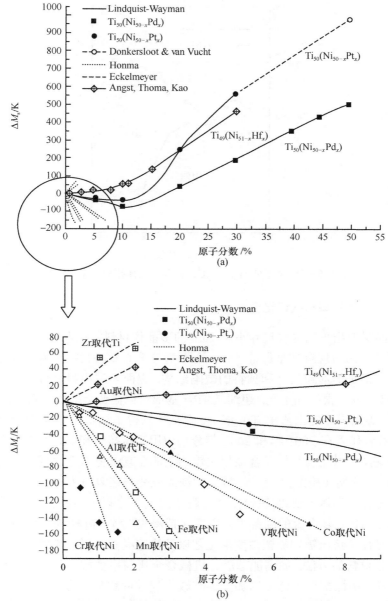

图 1-14　合金元素对 TiNi 合金 M_s 温度变化的影响

(b)图为(a)图中圆圈区域的放大

两步相变发生。需要注意，B19→B19′转变的温度区间宽、热焓小，所以很难用差热分析手段确定。动态机械热分析能够清晰给出相变峰位置[72]。添加 Cu 元素对马氏体相变行为的影响可归纳为以下 4 点[13]：①减小 M_s 温度对成分的依赖；②减小相变滞后；③减小马氏体再取向应力与超弹性应力滞后；④抑制 Ti_3Ni_4 相析出。

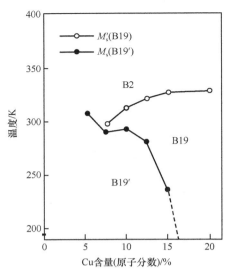

图 1-15 Cu 含量对 $Ti_{50}Ni_{50-x}Cu_x$ 合金马氏体相变温度的影响

1.3.3 超细晶钛镍基形状记忆合金

超细晶材料指平均晶粒尺寸小于 1μm 的多晶体材料,是纳米晶与亚微米晶材料的统称[73]。为与现有文献保持一致,第 4 章与第 6 章将使用纳米晶描述。超细晶材料具有细小的晶粒尺寸和独特的缺陷结构,因而表现出粗晶合金所不具备的力学和物理性能。根据此定义,超细晶 TiNi 基形状记忆合金的历史可上溯到 1990 年,Koike 等利用冷轧工艺在 $Ti_{49.2}Ni_{50.8}$ 合金中获得了纳米晶/非晶混合组织[74]。Valiev 及其合作者在 2001 年和 2002 年分别应用高压扭转和等径角挤压获得了超细晶 TiNi 基合金[14, 15]。与粗晶合金相比较,超细晶 TiNi 基合金表现出更加优异的性能,如良好的循环稳定性[75, 76]、较高的恢复应变与恢复应力[77]、应力滞后接近零并且恢复应变高达 5.8%的超弹性[78]、耐辐照能力[79]以及生物相容性[80]等。

超细晶 TiNi 基合金的制备工艺主要包括冷拔/冷轧等传统塑性变形工艺,高压扭转、等径角挤压等剧烈塑性变形工艺以及快速凝固和磁控溅射等。与传统的制备超细晶材料的方法,如高能球磨、机械合金化与惰性气体蒸发、原位加压制备法相比较,塑性变形工艺可以加工具有较大尺寸的块体合金,不易于产生孔隙和夹杂,加工后合金组织相对均匀且具有独特的缺陷结构[81]。利用上述工艺,已经获得了晶粒尺寸在数个纳米的 TiNi 合金[82]。

当晶粒尺寸与马氏体孪晶宽度相当或更小时,TiNi 基合金的显微组织、马氏体相变以及形状恢复特性等均呈现新的变化。例如,马氏体相变晶体学唯象理论计算结果表明[83],(001)复合孪晶不能单独起点阵不变切变的作用,然而高压扭转处理的 TiNi 基合金中存在大量此类孪晶[84]。当晶粒尺寸减小到 15nm 以下时,TiNi

合金中观察不到热诱发马氏体相变[84]。其他新现象还包括极小的能量损耗、诱发马氏体相变临界应力对温度不敏感、宽超弹性温度区间、埃林瓦尔效应与因瓦效应等[82]。上述新现象以及对其本质的理解进一步丰富了形状记忆合金的基础理论。

与粗晶合金相比较，超细晶 TiNi 基合金有利于进一步开拓其实际应用领域或提升现有产品的性能，如更高的形状恢复应力意味着可以将 TiNi 基合金应用于高压管路的连接或提高现有紧固连接产品的可靠性。在生物医学应用方面，超细晶 TiNi 合金的植入器械已经进入市场。可以预见，随超细晶 TiNi 基合金规模化制备工艺的突破，其应用范围将更为广泛。

参 考 文 献

[1] Otsuka K, Kakeshita T. Science and technology of shape-memory alloys: New developments. MRS Bulletin, 2002, 27(2): 91-100.

[2] Ölander A. An electrochemical investigation of solid cadmium-gold alloys. Journal of the American Chemical Society, 1932, 54(10): 3819-3833.

[3] Chang L C, Read T A. Plastic deformation and diffusionless phase changes in metals-the gold-cadmium beta phase. Transactions of the American Institute of Mining and Metallurgical Engineers, 1951, 189: 47-52.

[4] Burkart M W, Read T. Diffusionless phase change in the indium-thallium system. Transactions of the American Institute of Mining and Metallurgical Engineers, 1953, 197(11): 1516-1524.

[5] Basinski Z S, Christian J W. Crystallography of deformation by twin boundary movements in indium-thallium alloys. Acta Metallurgica, 1954, 2(1): 101-113.

[6] Wayman C M, Harrison J D. The origins of the shape memory effect. JOM, 1989, 41(9): 26-28.

[7] Kauffman G B, Mayo I. The story of Nitinol: the serendipitous discovery of the memory metal and its applications. The Chemical Educator, 1997, 2(2): 1-21.

[8] Buehler W J, Gilfrich J V, Wiley R C. Effect of low-temperature phase changes on the mechanical properties of alloys near composition TiNi. Journal of Applied Physics, 1963, 34(5): 1475-1477.

[9] Wayman C M. On memory effects related to martensitic transformations and observations in β-brass and Fe$_3$Pt. Scripta Metallurgica, 1971, 5(6): 489-492.

[10] Sato A, Chishima E, Soma K, et al. Shape memory effect in $\gamma \rightleftarrows \epsilon$ transformation in Fe-30Mn-1Si alloy single crystals. Acta Metallurgica, 1982, 30(6): 1177-1183.

[11] Ullakko K, Huang J K, Kantner C, et al. Large magnetic-field-induced strains in Ni$_2$MnGa single crystals. Applied Physics Letters, 1996, 69(13): 1966-1968.

[12] Busch J D, Johnson A D, Lee C H, et al. Shape-memory properties in Ni-Ti sputter-deposited film. Journal of Applied Physics, 1990, 68(12): 6224-6228.

[13] Xie Z L, van Humbeeck J, Liu Y, et al. TEM study of Ti$_{50}$Ni$_{25}$Cu$_{25}$ melt spun ribbons. Scripta Materialia, 1997, 37(3): 363-371.

[14] Valiev R Z, Mukherjee A K. Nanostructures and unique properties in intermetallics, subjected to severe plastic deformation. Scripta Materialia, 2001, 44(8): 1747-1750.

[15] Pushin V G, Stolyarov V V, Valiev R Z, et al. Features of structure and phase transformations in shape memory TiNi-based alloys after severe plastic deformation. Annales de Chimie Science des Matériaux, 2002, 27(3): 77-88.

[16] Stolyarov V V. Deformability and nanostructuring of TiNi shape-memory alloys during electroplastic rolling. Materials Science and Engineering: A, 2009, 503(1): 18-20.

[17] Elahinia M, Shayesteh Moghaddam N, Taheri Andani M, et al. Fabrication of NiTi through additive manufacturing: A review. Progress in Materials Science, 2016, 83: 630-663.

[18] Wang Y, Ren X, Otsuka K. Shape memory effect and superelasticity in a strain glass alloy. Physical Review Letters, 2006, 97(22): 225703.

[19] Tanaka Y, Himuro Y, Kainuma R, et al. Ferrous polycrystalline shape-memory alloy showing huge superelasticity. Science, 2010, 327(5972): 1488-1490.

[20] Omori T, Ando K, Okano M, et al. Superelastic effect in polycrystalline ferrous alloys. Science, 2011, 333(6038): 68-71.

[21] Hao S, Cui L, Jiang D, et al. A transforming metal nanocomposite with large elastic strain, low modulus, and high strength. Science, 2013, 339(6124): 1191-1194.

[22] Chluba C, Ge W, Lima de Miranda R, et al. Ultralow-fatigue shape memory alloy films. Science, 2015, 348(6238): 1004-1007.

[23] Ogawa Y, Ando D, Sutou Y, et al. A lightweight shape-memory magnesium alloy. Science, 2016, 353(6297): 368-370.

[24] http: //www.intrinsicdevices.com/history.html. 2016-12-01.

[25] 徐祖耀. 马氏体相变研究的进展(一). 上海金属, 2003, 25(4): 1-8.

[26] 赵连城, 蔡伟, 郑玉峰. 合金的形状记忆效应与超弹性.北京: 国防工业出版社, 2002.

[27] Wayman C M. Shape memory and related phenomena. Progress in Materials Science, 1992, 36(36): 203-224.

[28] 郑玉峰, Liu Y. 工程用镍钛合金.北京: 科学出版社, 2014.

[29] 徐祖耀, 等. 形状记忆材料.上海: 上海交通大学出版社, 2000.

[30] Liu Y, Liu Y, van Humbeeck J. Two-way shape memory effect developed by martensite deformation in NiTi. Acta Materialia, 1998, 47(1): 199-209.

[31] Liu Y, McCormick P G. Factors influencing the development of two-way shape memory in NiTi. Acta Metallurgica et Materialia, 1990, 38(7): 1321-1326.

[32] Nishida M, Honma T. All-round shape memory effect in Ni-rich TiNi alloys generated by constrained aging. Scripta Metallurgica, 1984, 18(11): 1293-1298.

[33] Tan S M, No V H, Miyazaki S. Ti-content and annealing temperature dependence of deformation characteristics of $Ti_x Ni_{(92-x)}Cu_8$ shape memory alloys. Acta Materialia, 1998, 46(8): 2729-2740.

[34] Meng X L, Zheng Y F, Cai W, et al. Two-way shape memory effect of a TiNiHf high temperature shape memory alloy. Journal of Alloys and Compounds, 2004, 372(1-2): 180-186.

[35] Tong Y X. Processing and characterization of NiTi-based shape memory alloy thin films[Ph.D thesis]. Singapore: Nanyang Technological University, 2008.

[36] Standard test method for tension testing of Nickel-Titanium superelastic materials. ASTM International, 2014.

[37] Ahadi A, Sun Q. Stress hysteresis and temperature dependence of phase transition stress in nanostructured NiTi-Effects of grain size. Applied Physics Letters, 2013, 103(2): 021902.

[38] Otsuka K, Shimizu K. Pseudoelasticity and shape memory effects in alloys. International Metals Reviews, 1986, 31(1): 93-114.

[39] Kustov S, van Humbeeck J. Damping properties of SMA. Materials Science Forum, 2008, 583(3): 85-109.

[40] Chen F, Tong Y X, Lu X L, et al. Effect of graphite addition on martensitic transformation and

damping behavior of NiTi shape memory alloy. Materials Letters, 2011, 65(7): 1073-1075.

[41] Hu X, Zheng Y F, Tong Y X, et al. High damping capacity in a wide temperature range of a compositionally graded TiNi alloy prepared by electroplating and diffusion annealing. Materials Science and Engineering: A, 2015, 623: 1-3.

[42] Biscarini A, Coluzzi B, Mazzolai G, et al. Extraordinary high damping of hydrogen-doped NiTi and NiTiCu shape memory alloys. Journal of Alloys and Compounds, 2003, 355(1-2): 52-57.

[43] Fan G, Otsuka K, Ren X, et al. Twofold role of dislocations in the relaxation behavior of Ti-Ni martensite. Acta Materialia, 2008, 56(3): 632-641.

[44] Bidaux J E, Schaller R, Benoit W. Study of the h.c.p.-f.c.c. phase transition in cobalt by acoustic measurements. Acta Metallurgica, 1989, 37(3): 803-811.

[45] Chang S H, Hsiao S H. Inherent internal friction of $Ti_{50}Ni_{50-x}Cu_x$ shape memory alloys measured under isothermal conditions. Journal of Alloys and Compounds, 2014, 586(6): 69-73.

[46] 俞耀庭, 张兴栋. 生物医用材料. 天津: 天津大学出版社, 2000.

[47] 杨晓芳, 奚廷斐. 生物材料生物相容性评价研究进展. 生物医学工程学杂志, 2001, 18(1): 123-128.

[48] 郑玉峰, 赵连城. 生物医用镍钛合金.北京: 科学出版社, 2004.

[49] Zheng Y F, Liu X L, Zhang H F. Properties of Zr-ZrC-ZrC/DLC gradient films on TiNi alloy by the PIIID technique combined with PECVD. Surface and Coatings Technology, 2008, 202(13): 3011-3016.

[50] Wang B L, Zheng Y F, Zhao L C. Effects of Sn content on the microstructure, phase constitution and shape memory effect of Ti-Nb-Sn alloys. Materials Science and Engineering: A, 2008, 486(1-2): 146-151.

[51] 赵连城, 郑玉峰. 形状记忆与超弹性镍钛合金的发展和应用. 中国有色金属学报, 2004, 14(f01): 323-326.

[52] Cui J, Chu Y S, Famodu O O, et al. Combinatorial search of thermoelastic shape-memory alloys with extremely small hysteresis width. Nature Materials, 2006, 5(4): 286-290.

[53] Otsuka K, Ren X. Physical metallurgy of Ti-Ni-based shape memory alloys. Progress in Materials Science, 2005, 50(5): 511-678.

[54] Mohd Jani J, Leary M, Subic A, et al. A review of shape memory alloy research, applications and opportunities. Materials & Design, 2014, 56(4): 1078-1113.

[55] Otsuka K, Ren X. Recent developments in the research of shape memory alloys. Intermetallics, 1999, 7(5): 511-528.

[56] Massalski T B, Okamoto H, Subramanian P R, et al. Binary alloy phase diagrams. Materials Park, OH: ASM International, 1990.

[57] Philip T, Beck P A. CsCl-type ordered structures in binary alloys of transition elements. Transactions of AIME Journal Metals, 1957, 209: 1269-1271.

[58] Zhang J X, Sato M, Ishida A. On the Ti_2Ni precipitates and Guinier-Preston zones in Ti-rich Ti-Ni thin films. Acta Materialia, 2003, 51(11): 3121-3130.

[59] Nishida M, Wayman C M, Honma T. Precipitation processes in near-equiatomic TiNi shape memory alloys. Metallurgical Transactions A, 1986, 17: 1505-1515.

[60] Tadaki T, Nakata Y, Shimizu K, et al. Crystal structure, composition and morphology of a precipitate and aged Ti-51at.%Ni shape memory alloy. Transactions of the Japan Institute of Metals, 1986, 27: 731-740.

[61] Nishida M, Wayman C M, Kainuma R, et al. Further electron microscopy studies of the $Ti_{11}Ni_{14}$

phase in an aged Ti-52at%Ni shape memory alloy. Scripta Metallurgica, 1986, 20(6): 899-904.

[62] Saburi T, Nenno S, Fukuda T. Crystal structure and morphology of the metastable X phase in shape memory Ti-Ni alloys. Journal of the Less Common Metals, 1986, 125(86): 157-166.

[63] Otsuka K, Sawamura T, Shimizu K. Crystal structure and internal defects of equiatomic TiNi martensite. Physica Status Solidi(A), 1971, 5(2): 457-470.

[64] Potapov P L, Shelyakov A V, Schryvers D. On the crystal structure of TiNi-Cu martensite. Scripta Materialia, 2001, 44(1): 1-7.

[65] Goo E, Sinclair R. The B2 to R transformation in $Ti_{50}Ni_{47}Fe_3$ and $Ti_{49.5}Ni_{50.5}$ alloys. Acta Metallurgica, 1985, 33(9): 1717-1723.

[66] Airoldi G, Besseghini S, Riva G, et al. R-phase onset temperature in a 50Ti48Ni2Al alloy. Materials Transactions, JIM, 1994, 35(2): 103-107.

[67] Jiang F, Liu Y, Yang H, et al. Effect of ageing treatment on the deformation behaviour of Ti-50.9at.% Ni. Acta Materialia, 2009, 57(4): 4773-4781.

[68] Su P C, Wu S K. The four-step multiple stage transformation in deformed and annealed $Ti_{49}Ni_{51}$ shape memory alloy. Acta Materialia, 2004, 52(5): 1117-1122.

[69] Nam T H, Saburi T, Shimizu K. Cu-content dependence of shape memory characteristics in Ti-Ni-Cu alloys. Materials Transactions, JIM, 1990, 31(11): 959-967.

[70] Tang W. Thermodynamic study of the low-temperature phase B19′and the martensitic transformation in near-equiatomic Ti-Ni shape memory alloys. Metallurgical and Materials Transactions A: Physical Metallurgy and Materials Science, 1997, 28 A(3): 537-544.

[71] Frenzel J, George E P, Dlouhy A, et al. Influence of Ni on martensitic phase transformations in NiTi shape memory alloys. Acta Materialia, 2010, 58(4): 3444-3458.

[72] Lin K N, Wu S K. Annealing effect on martensitic transformation of severely cold-rolled $Ti_{50}Ni_{40}Cu_{10}$ shape memory alloy. Scripta Materialia, 2007, 56(7): 589-592.

[73] Valiev R. Nanostructuring of metals by severe plastic deformation for advanced properties. Nature Materials, 2004, 3(8): 511-516.

[74] Koike J, Parkin D M, Nastasi M. Crystal-to-amorphous transformation of NiTi induced by cold rolling. Journal of Materials Research, 1990, 5(7): 1414-1418.

[75] Tong Y X, Guo B, Chen F, et al. Thermal cycling stability of ultrafine-grained TiNi shape memory alloys processed by equal channel angular pressing. Scripta Materialia, 2012, 67(1): 1-4.

[76] Tong Y X, Chen F, Guo B, et al. Superelasticity and its stability of an ultrafine-grained $Ti_{49.2}Ni_{50.8}$ shape memory alloy processed by equal channel angular pressing. Materials Science and Engineering: A, 2013, 587: 61-64.

[77] Prokofyev E, Gunderov D, Prokoshkin S, et al. Microstructure, mechanical and functional properties of NiTi alloys processed by ECAP technique. 8th European Symposium on Martensitic Transformations. Prague, Czech Republic, 2009: 06028.

[78] Tsuchiya K, Hada Y, Koyano T, et al. Production of TiNi amorphous/nanocry stalline wires with high strength and elastic modulus by severe cold drawing. Scripta Materialia, 2009, 60(9): 749-752.

[79] Kilmametov A R, Gunderov D V, Valiev R Z, et al. Enhanced ion irradiation resistance of bulk nanocrystalline TiNi alloy. Scripta Materialia, 2008, 59(10): 1027-1030.

[80] Nie F L, Zheng Y F, Cheng Y, et al. In vitro corrosion and cytotoxity on microcrystalline, nanocrystalline and amorphous NiTi alloy fabricated by high pressure torsion. Materials Letters, 2010, 64(8): 983-986.

[81] Valiev R Z, Islamgaliev R K, Alexandrov I V. Bulk nanostructured materials from severe plastic deformation. Progress in Materials Science, 2000, 45(2): 103-189.

[82] Ahadi A, Sun Q. Stress-induced nanoscale phase transition in superelastic NiTi by in situ X-ray diffraction. Acta Materialia, 2015, 90: 272-281.

[83] Onda T, Bando Y, Ohba T, et al. Electron microscopy study of twins in martensite in a Ti-50.0 at%Ni alloy. Materials Transactions, JIM, 1992, 33(4): 354-359.

[84] Waitz T, Kazykhanov V, Karnthaler H P. Martensitic phase transformations in nanocrystalline NiTi studied by TEM. Acta Materialia, 2004, 52(1): 137-147.

第 2 章　超细晶钛镍基形状记忆合金粉末

近年来，由于多孔 TiNi 基形状记忆合金在生物医学、结构减振等领域表现出广阔的应用前景，利用粉末烧结技术制备多孔 TiNi 基合金成为研究热点之一[1-4]。这推动了 TiNi 基合金粉末制备与性能表征研究的不断发展。与微米级的 TiNi 合金粉末相比较，超细晶 TiNi 基合金粉末更加有利于粉末烧结，其在粉末烧结的初期阶段可表现出非常快的致密化速度[5]。超细晶 TiNi 基形状记忆合金粉体的制备工艺种类繁多。由于自身独特的物理与化学特性，TiNi 基合金的成分、微观组织结构与性能对这些制备工艺非常敏感，如 Ti 元素的高化学活性，在机械合金化制备合金粉末的过程中必须加以考虑。本章主要介绍超细晶 TiNi 基合金粉末的制备工艺及影响因素、合金粉末的微观组织与马氏体相变行为等。

2.1　超细晶钛镍基合金粉末的制备工艺

目前，TiNi 基形状记忆合金粉末的制备工艺可以分为两大类：一类是以电爆炸法[6]和气体雾化法[7]等为主的物理手段；另一类是以高温熔盐法[8]和机械合金化[9]为主的物理化学合成方法。

2.1.1　电爆炸法

电爆炸法是指在某些介质(惰性气体、水等液体)环境下，利用储能电容器放电等手段向导电的金属丝中注入高密度的脉冲电流($10^4 \sim 10^6 A/mm^2$)，由于较高的能量注入速率和金属丝膨胀的滞后特性，导致金属丝中的能量密度超过原子间结合能，从而使金属丝发生爆炸和气化。过热的高温蒸气和液滴通过冷凝收集即可获得高纯度的超细金属粉末[10]。

电爆炸相关的研究始于 200 余年前。1774 年，Nairne 首次在实验中观测到电爆炸现象[10]。1946 年，Abrams 等首先利用电爆炸法制备了尺寸在 0.2μm 左右的 Al 等颗粒[10]。时至今日，电爆炸法已经被用来制备 Ag、Cu、Mg、Ti、CuZn 等超细金属粉末[11, 12]和碳纳米材料[13]等非金属。与其他制备超细晶粉末的技术相比较，电爆炸法具有如下的优点[14, 15]：①能量转换效率高；②粉末纯度高并且粒度分布均匀；③便于通过调整工艺参数控制粒度大小；④适用范围广；⑤制备效率高，产量较大。上述优点使得电爆炸法成为制备超细粉末材料最有前途的手段之一。

图 2-1 所示为电爆炸装置示意图。整个电爆炸装置由爆炸室、高压电源、储能电容器和断路开关组成[15]。通常的制备步骤和原理如下：①首先根据实验需要将金属丝连接到爆炸室内的电极上；②然后将爆炸室抽真空，将环境介质，如惰性气体或水等充入爆炸室；③对储能电容器充电，电容器储存的能量可以用 $W=0.5CV^2$ 表示，其中 C 为电容，V 为充电电压；④储能电容器对金属丝放电；⑤收集超细粉体。由上可见，金属丝的主要物理变化均发生在第④步。金属丝在强电流作用下，首先经历固态加热、熔化、气化阶段，熔融的金属丝破裂成液滴，产生等离子体，最终金属丝发生电爆炸。电爆炸使金属蒸气及粒子高速运动，并产生冲击波。高速运动的金属蒸气及粒子与周围介质碰撞，能量逐渐减弱并迅速冷却，最终形成超细金属粉末[14]。根据上述电爆炸技术的原理，可以归纳出影响电爆炸法制备超细粉末的主要影响因素[14, 15]：①材料参数，如丝材种类、丝材直径、长度等；②电路参数，如电压、电容器的电容、感应系数等；③环境参数，如介质种类、压力、温度等。

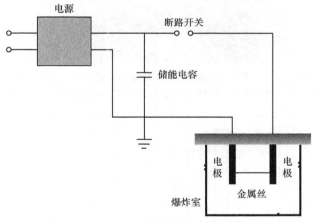

图 2-1 电爆炸装置示意图

近等原子比 TiNi 形状记忆合金具有较高的电阻率，其中马氏体相的数值约为 $80\mu\Omega \cdot cm$，母相的电阻率约为 $100\mu\Omega \cdot cm$[16]，这意味着可以利用电流较快地加热 TiNi 合金丝。因此，电爆炸法是适宜于制备超细晶 TiNi 合金粉体的有效手段之一。Fu 等首次在 2MPa 的氩气环境下，采用电爆炸法制备了平均晶粒尺寸约为 50nm 的 $Ti_{49.6}Ni_{50.4}$ 合金粉末[6]。图 2-2 给出了电爆炸法制备的超细晶粉的透射电子显微像。图 2-3 给出了超细晶粉的粒径分布。很遗憾的是，他们并未给出更加详细的工艺参数。

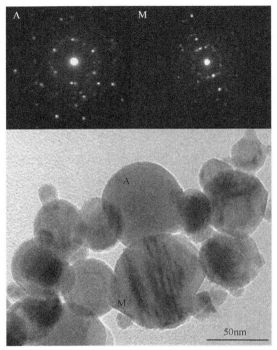

图 2-2　电爆炸法制备的 TiNi 合金粉末的透射电子显微像

选区电子衍射结果表明, 部分颗粒表现出马氏体特征, 而部分颗粒表现出母相的特征

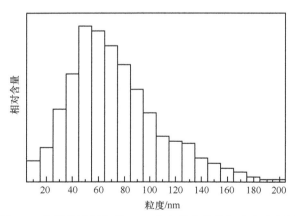

图 2-3　电爆炸法制备的 TiNi 合金粉末的粒径分布直方图

2.1.2　气雾化法

雾化法起源于 19 世纪 20 年代, 经过近 200 年的发展, 已经成为生产高性能金属及合金粉末的主要方法之一。目前雾化法制取的粉末已经占到世界粉末总产量的 80% 左右[17]。雾化法主要包括气雾化法、水雾化法(上述两者合称双流雾化法)、

离心雾化法和机械雾化法[18]，其中气雾化法是发展最早并且应用最为广泛的工艺。气雾化法是指高速高压的气流通过雾化喷嘴，将熔融的液体粉碎成细小的液滴并冷凝成粉末颗粒的过程[17, 19]。本质上来讲，气雾化是一个多相流相互作用的耦合过程，高速气流既可以破碎熔体，也可以冷却熔体，同时熔融的液体在雾化和冷却过程中，形态、黏度、表面张力等不断变化，这些均导致气雾化过程变得非常复杂。整个气雾化过程被细分为三个阶段[20]：金属液体的第一次破碎，金属液滴的第二次破碎和冷却凝固。关于气雾化的机理，现在仍然沿用 Dombrowski 等提出的波动模型[21]。

图 2-4 所示为气雾化装置示意图，主要包括熔化单元、气体源、雾化喷嘴与粉末收集装置，其中雾化喷嘴为关键部件。这主要是因为雾化喷嘴控制着气体的流动和流型。优异的喷嘴有利于提高雾化效率和雾化过程的稳定性[22]。现在使用的雾化喷嘴主要有自由落体式喷嘴、限制式喷嘴、超声气雾化喷嘴、Unal 喷嘴、Nanoval 雾化喷嘴等[19]，各种的喷嘴的优缺点和适用范围等详见文献[19]。图 2-5 给出了自由落体式喷嘴与限制式喷嘴的示意图[23]。

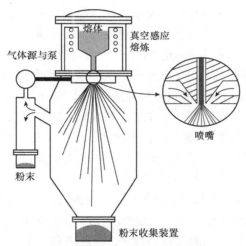

图 2-4　气雾化装置示意图

气雾化制粉效果的评价指标主要有粉末粒度、粉末形状以及粉末的纯度与结构。这些指标主要受三方面因素的影响，具体包括：①雾化设备，如喷嘴类型、导液管结构、导液管位置等；②雾化气体，如气体性质、气体压力与气流速度等；③金属熔体，如金属熔体性质、过热度与液流直径等[19]。一般来说，随导液管直径减小、气体压力与气流速度增大、过热度提高，粉末的粒度减小。取决于不同的雾化工艺与设备，气雾化法中颗粒的冷却速度介于 10^2K/s 与 10^8K/s 之间[24-26]。较低的冷却速度有利于获得球形或者近似球形的粉末，而较高的冷却速度通常获得不规则形粉末。

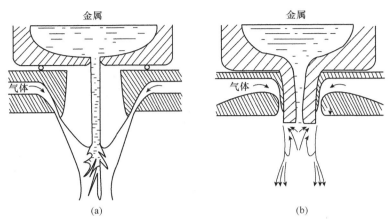

图 2-5　自由落体式喷嘴(a)与限制式喷嘴(b)的示意图

　　根据上述气雾化原理,气雾化制粉的工艺流程可以分为以下几个步骤:原料成分设计→熔炼制备母材→雾化→收集粉末→检验包装。谢焕文等[27]根据上述流程制备了 TiNi 合金粉末,具体的雾化工艺参数如下:雾化温度为 1500℃,雾化压力为 3.5MPa,导液管内径为 4mm,雾化介质为高纯氩气,雾化喷嘴为自制的环缝式喷嘴。上述工艺所制得的 TiNi 合金粉末呈球形或近球形,粒度 150μm 以下的粉末约占 80%。Yamamoto 等[7]也利用气雾法制备了 $Ti_{51}Ni_{49}$ 合金粉末。

　　Kim 等[28-30]利用气雾法制备了 TiNi、TiNiMo 与 TiNiCu 合金粉末。表 2-1 总结了不同研究者制备的 TiNi 基合金粉末的雾化工艺与粉末特征。现有的文献报道中并未给出所有的雾化工艺参数,如所使用的喷嘴、导液管位置、冷却介质、背底真空度等,因此很难直接比较产物的特征。

　　根据 Ti-Ni 二元合金相图[31],近等原子比 TiNi 二元合金的熔点约为 1310℃。由表 2-1 可知,TiNi 基合金的雾化温度介于 1400～1500℃之间。这主要是因为如果雾化温度低于 1400℃,熔融液体黏度大,容易堵塞雾化喷嘴;同时熔融液滴的

表 2-1　TiNi 基合金粉末的雾化工艺与粉末特征

合金	雾化温度/℃	雾化介质	雾化压力/MPa	导液管内径/mm	粉末形状	粒度/μm	参考文献
$Ti_{50}Ni_{50}$	1500	氩气	3.5	4	球形	150μm 以下的粉末约 80%	[27]
$Ti_{50}Ni_{50}$	1400	氩气	1.2	5	球形	300μm 以下的粉末约 46%	[32]
$Ti_{50}Ni_{49.7}Mo_{0.3}$	1450	氩气	1.2	7	球形	300μm 以下的粉末约 40%	[29]
$Ti_{50}Ni_{50-x}Cu_x$ (x=5%, 10%, 20%)	1450	氩气	1.2	7	球形	300μm 以下的粉末约 38%	[30]

过热度低，不易获得球形的粉末；如果雾化温度高于 1500℃，熔融液滴的过热度过高，冷却时间偏长，则粉末粒度较大且容易出现成分偏析，同时会引起合金烧损和加速雾化设备老化等问题[27]。

图 2-6(a)所示为气雾化法制备的 $Ti_{50}Ni_{50}$ 粉末的扫描电子显微像[32]。可见，粉末颗粒呈球形或近球形，表面光洁。在粒度较大的粉末中，如图 2-6(c)与(d)所示，除 TiNi 基体相之外，还观察到 Ti_2Ni 相。这是由于熔融液滴在冷却过程中发生了包晶反应($L+TiNi_{B2}\longrightarrow Ti_2Ni$)。在粒度小于 25μm 粉末中，过快的冷却速度可能抑制了第二相的形成，导致出现图 2-6(b)所示的形貌，部分区域可以观察到典型的枝晶形貌，而其他区域并未观察到任何第二相。

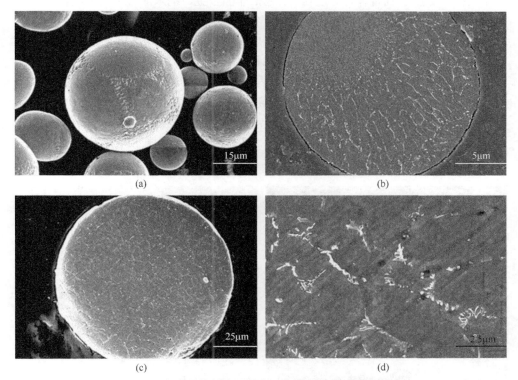

图 2-6　$Ti_{50}Ni_{50}$ 合金雾化粉末形貌像(a)与截面扫描电子显微像(b)～(d)

其中(a)与(b)中粉末粒度在 0～20μm; (c)与(d)中粉末粒度在 100～150μm

需要强调的是，气雾化法制备的 TiNi 基合金粉末为晶态，且粒径大部分在微米量级。通过诸如机械球磨等塑性变形的手段有望将雾化粉末非晶化，然后选择合适的退火温度与时间，即可获得超细晶 TiNi 基合金粉末。Yamamoto 等将雾化 $Ti_{51}Ni_{49}$ 合金粉末手工研磨 5～10min 后观察到非晶相[7]，表明上述思路是可行的。

2.1.3 机械合金化法

1) 机械合金化法概况

机械合金化是指异种金属或合金粉末在高能球磨机中通过粉末与磨球之间的碰撞，使粉末颗粒发生反复变形、冷焊和破碎，导致粉末颗粒中原子扩散，最终获得均匀合金粉末的一种固相粉末制备技术。机械合金化始于 20 世纪 60 年代，Benjamin 等发明该技术用于合成弥散强化 Ni 基高温合金[33]。这种工艺最初被命名为球磨/混合，但是在专利申请中，专利代理人 MacQueen 创造了术语"机械合金化"来描述该技术。比较而言，新术语更好地反映了技术本质，于是被沿用至今。机械合金化技术已被广泛用于制备各种先进材料，包括非晶合金、纳米晶合金、准晶材料等非平衡相、固溶体合金、金属间化合物等平衡相以及复合材料等[34]。

机械合金化的主体设备是高能球磨机，主要包括振动球磨机、行星球磨机、搅拌球磨机和滚动球磨机。在 Ti-Ni 粉末机械合金化中，多使用前两种设备。振动球磨机是利用磨球在做高频振动的罐体内对原料粉末进行高能冲击、碰撞等从而实现合金化或粉碎的设备。其振动加速度可以达到重力加速度的 3～10 倍，振动频率约为 20～25Hz[34]。振动球磨机中通常配置 1～2 个容积为数十毫升的球磨罐，因此其通常用于实验或合金筛选等目的。图 2-7 给出了美国 SPEX 公司生产的振动球磨机与配套的球磨罐和磨球[35]。

(a)　　　　　　　　　　　　　　　(b)

图 2-7　SPEX 振动球磨机(a)与球磨罐和磨球(b)

行星球磨机的名字来源于其球磨罐的运动方式，其借助行星传动机构装置使球磨罐既产生公转又产生自转来带动罐内的球磨介质，产生强烈的冲击作用，从而使球磨介质之间的原料被粉碎。图 2-8(a)所示为德国 Fritsch 球磨机[35]。球磨罐自转和公转引起的离心力使磨球和原料在罐内产生相互冲击、摩擦和上下翻滚，从而起到粉碎的作用, 如图 2-8(b)所示[35]。在自转和公转等合力的作用下可使球磨介质的离心加速度达到 10~100 倍重力加速度。与振动球磨机相比较, 行星球磨机的球磨效率低, 但球磨罐的容积较大。

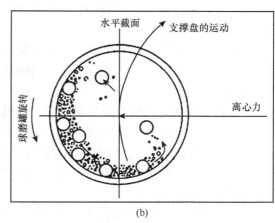

(a)　　　　　　　　　　　　　(b)

图 2-8　Fritsch 球磨机(a)与球磨罐内磨球运动示意图(b)

机械合金化是一个极其复杂的过程, 为获得理想的产物/显微组织, 需要对其工艺参数进行优化。影响最终产物的重要参数如下[35]: ①球磨机转速与球磨时间; ②磨球的类型、尺寸和尺寸分布; ③球料比; ④球磨气氛; ⑤过程控制剂; ⑥球磨温度。主要参数的影响简述如下:

一般认为, 球磨机转速越高, 传递到原料的能量越高。这似乎意味着高转速有利于球磨, 但实际情况并非如此。传统球磨机中存在一临界转速, 如果高于此数值, 磨球会紧贴在球磨罐内壁上, 不会对原料产生任何冲击作用, 不利于粉末合金化。此外, 随转速增加, 球磨罐内的温度升高过快。在某些情况下, 如需要扩散提高粉末均匀化程度或合金化是有利的。然而, 在某些情况下, 过高的温度会加速相变过程, 导致机械合金化过程中形成的固溶体或者其他亚稳相分解。

球磨时间是影响机械合金化的最重要参数, 主要取决于球磨机类型、球磨机转速、球料比和球磨温度。球磨时间应该选择颗粒的冷焊和断裂达到平衡的时间, 如果时间过长, 产物的污染程度增加[36]。因此, 实际应用中, 在考虑以上因素和粉末体系的基础上, 应该通过实验综合确定所需要的球磨时间。

选取磨球的原则之一是磨球的密度必须足够高, 才能对粉末产生足够的冲击力。最常用的磨球材质主要包括淬火钢、工具钢、不锈钢、轴承钢、WC-Co 等。磨球尺寸和分布对球磨效率也有一定的影响。考虑较重的磨球具有更高的冲击能量, 大尺寸、高密度的磨球对机械合金化有利。已有研究报道, 最终产物的组成取决于磨球的尺寸。尺寸不同磨球的合理搭配则可以使粉末能够充分地分布在磨球与磨球、磨球与球磨罐之间,从而提高球磨效率。

球料比指的是磨球与粉末之间的质量比,是决定机械合金化的重要参数之一。球料比的选择范围比较大,介于 $1:1\sim220:1$ 之间[37,38]。球料比越大,合金化速率越快。这是因为球料比越大,单位时间内球料的碰撞次数增加,可以传递更多的能量给粉末颗粒。

球磨气氛对机械合金化产物的影响主要与污染有关。对于 Ti 粉与 Ni 粉的合金化,因为 Ti 的化学活性比较大,所以机械合金化必须在真空或者氩气、氦气等惰性气体保护下进行。

球磨温度是决定机械合金化最终产物相组成的重要因素之一。这主要是因为无论最终产物是固溶体、金属间化合物或者纳米晶,其合金化过程都涉及扩散问题。在较高的球磨温度下,粉末的晶粒尺寸增大,固溶度降低。但是在机械合金化制备非晶材料时,研究者报道了相反的结果,例如,在 Ti-Ni 体系中,较高的球磨温度提高了非晶化动力。

在球磨过程中,由于粉末颗粒中产生了严重的塑性变形,粉末颗粒之间会发生冷焊。合金化仅在粉末和冷焊达到平衡后发生。因此,为控制冷焊的影响,可以加入过程控制剂。它们可以是固体、气体或者液体,通常为表面活性剂一类的有机化合物。加入过程控制剂后,可以较好地控制粉末的成分和提高出粉率,但是也可能降低球磨效果,改变反应机制[39]。TiNi 机械合金化工艺中,常选择水[40]、甲醇[40,41]、乙醇[41,42]或硬脂酸[41]作为过程控制剂。

除上述参数外,还涉及球磨机类型、球磨容器和充填率对最终产物的影响。球磨机类型的影响主要与球磨效率有关。球磨容器对最终产物的影响主要与产物的污染有关。机械合金化过程中,由于磨球对容器内壁的撞击,部分材料可能进入产物内,从而造成污染或者改变产物的化学成分。球磨罐的内部设计对球磨效率也有一定影响。充填率一般选择在 50%左右。

机械合金化的机制主要取决于原料粉末的力学性质、它们之间的相平衡和合金化过程中的应力状态。一般可以将合金化体系分为延性-延性、延性-脆性和脆性-脆性三类。考虑 Ti 粉与 Ni 粉均为延性金属,因此本节主要阐述第一类合金化机理。机械合金化本质上来源于粉末颗粒不断的冷焊和断裂,如果原料粉末不是延性的话,冷焊很难发生[35]。因此,对于机械合金化而言,延性-延性体系是一个理想的组合。此体系的合金化可以分为四个阶段[35]:第一阶段中延性粉末在与磨球的碰撞中变成薄片状,少量粉末被冷焊到磨球表面。第二阶段中冷焊持续进行,薄片状粉末被焊合成球磨金属的层片状复合组织。随球磨时间延长,复合粉末发生加工硬化,硬度和脆性增加,颗粒再次断裂,尺寸减小。进入第三阶段后,冷焊形成的层片状复合粉末与颗粒发生卷曲。由于扩散距离缩短、晶格缺陷密度增加和球磨导致的热效应等因素,粉末中开始发生合金化。粉末尺寸与硬度达到稳定状态。继续球磨,合金化过程进入第四阶段,此时原子尺度上的反应发生,组分逐渐均匀化,最终形成固溶体、金属间化合物甚至非晶组织等球磨产物。

机械合金化的一个显著缺点是球磨产物的污染问题。污染源主要包括球磨容器、球磨介质、气氛和过程控制剂等。引入的污染物可能与高反应活性的合金发生反应,形成杂质相,导致合金偏离初始的设计成分。

2)机械合金化法制备 TiNi 合金

在 TiNi 基合金的研究领域,早在 1985 年 Schwarz 等[43]就利用机械合金化法制备了系列成分的 TiNi 非晶合金。他们并未将非晶合金进行晶化处理和研究合金的马氏体相变行为。1997 年, Nam 等[44]研究了机械合金化 TiNi 与 TiNiCu 合金的相变行为,发现 Cu 的加入抑制了 TiNi 合金的非晶化。截至目前,机械合金化已经被广泛用于制备 TiNi[40-43, 45-47]、TiNiCu[44, 48, 49]、TiNiNb[50]、TiNiAl[51]和 TiNiAg[52]等合金。现有的文献报道中机械合金化法制备 TiNi 基合金的设备大部分使用行星式球磨机,球磨温度为室温,保护气氛为高纯氩气。表 2-2 总结了机械合金化法制备 TiNi 基合金的其他具体工艺参数与产物。

正如前文所述,球磨时间是决定最终产物的最重要参数。图 2-9 给出了不同球磨时间的粉末的 X 射线衍射谱[45]。机械合金化的具体工艺参数见表 2-2。当球磨时间不超过 8h 时,由于晶粒尺寸减小和引入晶格畸变,衍射峰宽化,同时强度降低。当球磨时间不超过 4h 时,Ti 粉的晶格畸变增加;之后随球磨时间增加到 8h,而逐渐减小到一稳定值,0.6%。当球磨时间超过 16h,衍射谱上几乎观察不到与 Ti 对应的峰,因此不能准确计算晶格畸变。当球磨时间不超过 16h 时,Ni 粉的晶格畸变随球磨时间延长而线性增加到 1.2%。晶格畸变的变化对应着晶格常数的变化,

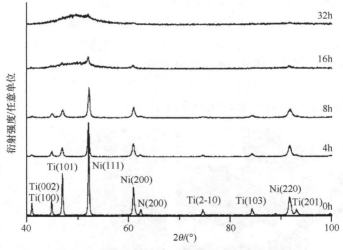

图 2-9　不同球磨时间的粉末的 X 射线衍射谱

表 2-2　　机械合金化制备 TiNi 基合金具体工艺参数与产物

名义成分 (原子分数)/%	转速/ (r/min)	磨球材质	球料比	球磨 时间/h	过程 控制剂	产物	参考 文献
$Ti_{49.7}Ni_{50.3}$	250	淬火钢	10:1	32	—	非晶	[45]
$Ti_{50}Ni_{50}$	200	不锈钢	15:1	120	乙醇	非晶/超细晶混合物	[42]
$Ti_{49.8}Ni_{50.2}$	200~500	不锈钢	5:1	100	水或甲醇	—	[40]
$Ti_{50}Ni_{50}$	200	不锈钢	10:1	60	—	亚稳相与非晶相混合物	[50]
$Ti_{50-x}Ni_{50}Nb_x$ (x=10%, 20%, 原子分数)	200	不锈钢	10:1	60	—	亚稳相与非晶相混合物 (x=10%,原子分数) 非晶相(x=20%,原子分数)	[50]
$Ti_{50}Ni_{50}$	600	淬火钢	10:1	60	—	超细晶	[46]
$Ti_{50}Ni_{50}$	450	—	15:1	30	—	超细晶	[41]
$Ti_{50}Ni_{50-x}Al_x$ (x=5%, 7%, 9%, 原子分数)	600	回火铬钢	10:1	70	硬脂酸	超细晶	[51]
$Ti_{50}Ni_{41}Cu_9$	450	回火钢	20:1	96	—	非晶/超细晶混合物	[48]
$Ti_{50}Ni_{40}Cu_{10}$	300	淬火钢	10:1	60	—	超细晶	[49]

　　而这种变化主要是由于 Ti 原子进入 α-Ni 的晶格中形成固溶体所引起的。继续球磨，形成此条件下热力学上更加稳定的非晶相。机械合金化中，非晶相的形成主要取决于粉末的塑性变形和元素的扩散[43]。Ti 原子沿位错或晶界扩散进入 α-Ni 的晶格中，同时塑性变形产生层错等缺陷。上述两个因素均可加速元素之间的混合[43]。

　　图 2-10 所示为机械合金化过程中颗粒形貌随球磨时间的变化[45]。可见，当球磨时间为 1h 时，颗粒的尺寸增加，形成复合层片组织，符合延性-延性体系机械合金化的组织特征。随球磨时间增加，颗粒的细化和加工硬化占据优势地位，当球磨时间延长到 32h，颗粒尺寸减小到 8μm。这与大部分研究中粉末的形貌演化规律类似[41,42,46,47]。

　　图 2-11(a)~(c)给出了不同球磨时间后 TiNi 合金粉末的透射电子显微像[42]，具体的工艺参数如表 2-2 所示。随球磨时间延长，粉末颗粒的尺寸减小。图 2-11(d)所示为与图 2-11(c)对应的电子衍射谱。可见，衍射谱表现出对应于晶体相与非晶相的混合特征，表明 TiNi 合金粉末中形成了纳米晶。

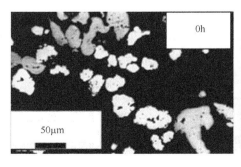
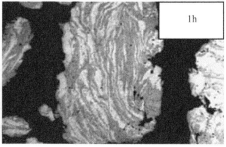

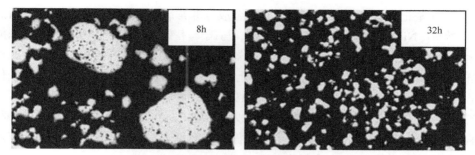

图 2-10　球磨时间对粉末颗粒形貌的影响

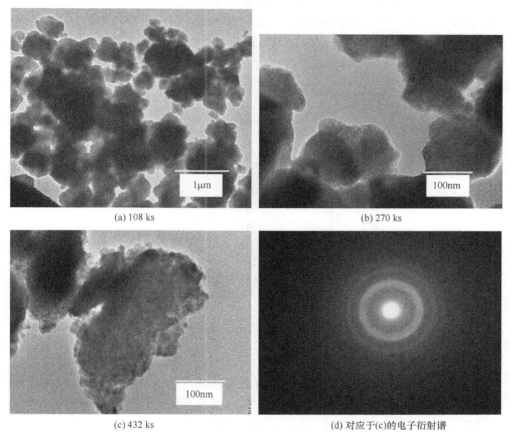

图 2-11　不同球磨时间的 Ti-Ni 粉末的透射电子显微像(a)～(c)与对应于(c)的电子衍射谱(d)

　　Terayama 等[40]将 Ti 粉和 Ni 粉在转速为 500r/min 的球磨机中球磨 100h, 然后比较了水和甲醇作为过程控制剂对粉末的形状和尺寸的影响。结果表明, 水作为过程控制剂时, 粉末形状近似为球形, 而以甲醇替代后, 粉末为不规则形状。前者的尺寸约为 45μm, 而后者的尺寸约为 60μm。

　　TiNi 基记忆合金的马氏体相变对合金成分非常敏感。当 Ni 含量超过 50%(原子分数)时, Ni 含量每增加 1%(原子分数), 马氏体相变温度将下降约 100℃[31]。TiNi 基合金的机械合金化多采用钢制球磨容器和磨球, 因此球磨产物中通常会引入微量的 Fe 和 Cr 等元素[45, 53, 54]。上述微量元素的引入不仅降低 TiNi 基合金的马氏体相变温度, 而且会分离 R 相变与 B2→B19′相变[55, 56]。为尽可能地减少污染, 可以选择适当的球磨介质, 采用与球磨粉末成分相同的球磨罐和磨球或者减少球磨时间。Al-Hajry 等[57]采用球磨效率更高的振动球磨机, 将球磨时间缩短至 8h, 获得了不含任何杂质的 TiNi 合金粉末。

　　机械合金化制备 TiNi 基合金粉末过程中所引入的杂质元素还包括来源于过程控制剂的 C 和 O[40, 41]。过量的 C 和 O 均会恶化合金的力学性能与形状记忆效应。图 2-12 比较了水和甲醇作为过程控制剂对粉末中 C 和 O 的影响[40]。当使用水和甲醇作为过程控制剂时, C 含量分别为 0.08%*和 0.13%, O 含量分别为 0.76% 和 0.29%。

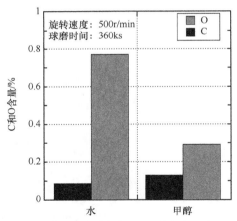

图 2-12　过程控制剂对机械合金化 TiNi 粉末中 C 与 O 含量的影响

　　图 2-13 给出了球磨机转速对粉末中 C 和 O 含量的影响[40]。随球磨机转速增加, 粉末中 C 含量略有增大; 而 O 含量则表现出不同的变化趋势, 当球磨机转速为 200r/min 或 300r/min 时, 粉末中的 O 含量要高于高转速所得的粉末。这意味着高转速有利于粉末的形状记忆性能。同时, 表 2-2 也表明, 高转速有利于获得超细晶的组织, 同时缩短球磨时间。图 2-14 所示为球磨时间对粉末中 C 与 O 含量的影响[40]。可见, 未添加过程控制剂的粉末中 C 和 O 含量较低。随球磨时间增加, 粉末中 O 含量增加, 而 C 含量则表现出不同的变化情况。当使用甲醇作为过程控制剂时, C 含量随球磨时间延长而略有增大。当不使用过程控制剂

---

* 未作特殊说明时, 指质量分数。

时，粉末中的 C 含量随球磨时间延长表现出先增加，后减小然后再次增加的变化趋势。

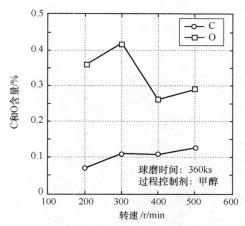

图 2-13　转速对机械合金化 TiNi 粉末中 C 与 O 含量的影响

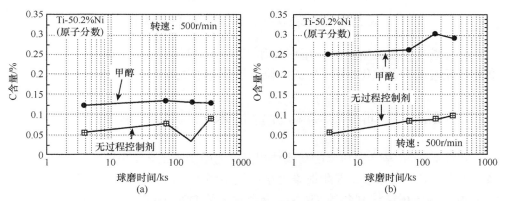

图 2-14　球磨时间对机械合金化 TiNi 粉末中 C(a)与 O(b)含量的影响

2.1.4　熔盐合成法

Ti 与 Ni 合金化是一个放热反应，其反应潜热会导致体系局部温度升高。例如，根据 Barin 提供的热力学数据[58]，在 920℃下合金化潜热所导致的绝热温度升高约为 269℃。Zhao 等[8, 59]根据上述原理，在高温熔盐中合成了尺寸在 50nm 至数个微米的 TiNi 合金粉末。他们首先将粒径为 75μm 的 Ti 粉与 Ni 粉机械球磨 1h 以增大颗粒的比表面积和提高活性，然后加入质量分数为 80%的 NaCl 与 KCl 复合盐继续球磨 1h，其中两种盐的物质的量比为 1∶1。将上述混合好的坯料在 3MPa 的压力下压制成坯体。接下来将坯体浸入温度为 720～800℃的 NaCl 与 KCl 复合熔盐中，保温 10min，坯体中的粉料在高温下发生合金化，合金化所释放的潜热进一步促进 Ti 与 Ni 的反应。冷却后经过脱盐处理，即可得到 TiNi 合金粉末。通过控制球磨时间和复合盐在反应物中的比重，可以调整产物的粒度，球磨时间越长、复合盐比重越大，产物的粒度越小[59]。图 2-15 给出了熔盐温度为 760℃、坯料中 Ti 与 Ni 比例为 1∶1 条件下，合成的 TiNi 粉末的形貌像[8]。可见，部分颗粒团聚在一起，粉末的粒径在 100nm 到数个微米之间。

(a)　　　　　　　　　　　　　　　　　(b)

图 2-15　760℃熔盐中合成的 TiNi 粉末的形貌像

此工艺中，高温熔盐的作用归纳如下[59]：①提供合金化所需要的初始温度；②避免元素或合金氧化；③对生成的粒子起到润滑作用，防止颗粒团聚。

2.2　超细晶钛镍基合金粉末的马氏体相变行为

超细晶 TiNi 基合金粉末的马氏体相变行为受制备工艺影响较大，而粉体的制备工艺多，影响因素多，因此很难直接比较不同工艺产物的马氏体相变行为。图 2-16 所示为电爆炸法制备的 $Ti_{50}Ni_{50}$ 合金粉末的 DSC 曲线[6]。与固溶处理合金相

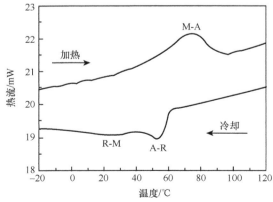

图 2-16　电爆炸法制备的 $Ti_{50}Ni_{50}$ 合金粉末的 DSC 曲线

比较，$Ti_{50}Ni_{50}$ 合金粉末的马氏体相变行为表现出如下特点：①相变区间较宽；②冷却过程中出现 B2→R 相变。这一方面与晶粒尺寸有关，另一方面也和表面氧化所导致的表层 Ti 原子减少有关。图 2-17 给出了气雾化法制备的 $Ti_{50}Ni_{49.9}Mo_{0.1}$ 合金粉末的马氏体相变行为与粒径之间的关系[60]。后续的变温 X 射线衍射结果表明[60]，冷却过程中合金粉末发生 B2→R→B19′ 两步马氏体相变，加热过程中发生 B19′→B2 逆相变。随粒径变化，马氏体相变温度无明显变化。

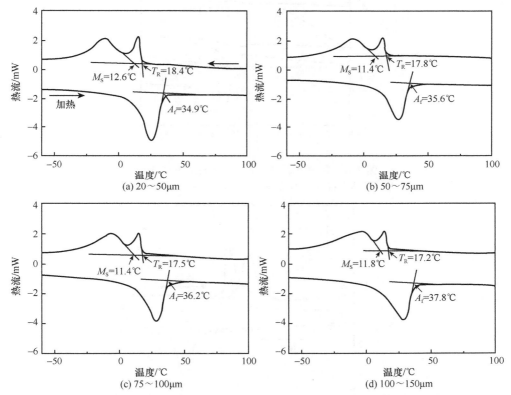

图 2-17　气雾化法制备的 $Ti_{50}Ni_{49.9}Mo_{0.1}$ 合金粉末的马氏体相变与粒径之间的关系

图 2-18 所示为不同状态 $Ti_{49.2}Ni_{50.8}$ 合金的马氏体相变行为，其中丝材为球磨原材料，合金粉末分别经 1h 和 1.5h 的球磨之后在 500℃退火处理 5min[61]。退火处理前，合金粉末并未表现出任何马氏体相变峰。退火处理后，马氏体相变得到一定程度的恢复。然而，退火处理合金粉末的马氏体相变热焓与相变温度均低于原始丝材。这主要与粉末的晶粒尺寸、Ti 含量和球磨过程中引入的 Fe、Cr 等杂质有关。图 2-19 所示为 $Ti_{45}Ni_{45}Nb_{10}$ 合金粉末的 DSC 曲线[62]。合金粉末采用研磨与吸放氢结合的工艺制得。可见，合金粉末与块体的马氏体相变行为基本一致。烧结后块体合金的马氏体相变温度略有下降。

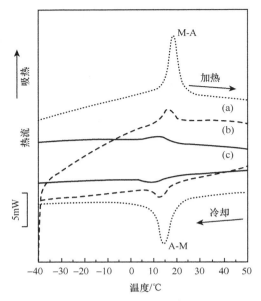

图 2-18　不同状态 Ti$_{49.2}$Ni$_{50.8}$ 合金的 DSC 曲线
(a)原始丝材, (b)1h 球磨和(c)1.5h 球磨后 500℃退火 5min

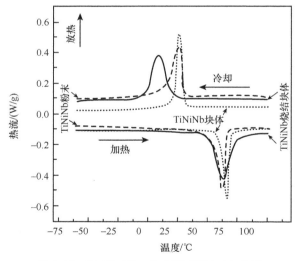

图 2-19　Ti$_{45}$Ni$_{45}$Nb$_{10}$ 合金粉末的 DSC 曲线

图 2-20 所示为熔盐合成法制备的 Ti$_{50}$Ni$_{50}$ 合金粉末的 DSC 曲线[8]。可见，粉末在冷却和加热过程中表现出较宽的马氏体相变及其逆相变温度区间，相变热焓明显小于块体合金的数值。这可能与引入的杂质或粉末成分不均匀有关。

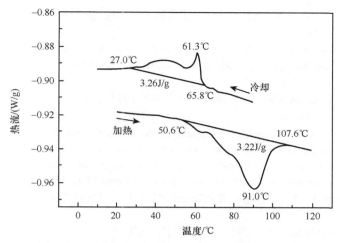

图 2-20　熔盐法合成 $Ti_{50}Ni_{50}$ 合金粉末的 DSC 曲线

参 考 文 献

[1] Li B Y, Rong L J, Li Y Y, et al. Synthesis of porous Ni-Ti shape-memory alloys by self-propagating high-temperature synthesis: Reaction mechanism and anisotropy in pore structure. Acta Materialia, 2000, 48(15): 3895-3904.

[2] Chu C L, Chung C Y, Lin P H, et al. Fabrication and properties of porous NiTi shape memory alloys for heavy load-bearing medical applications. Journal of Materials Processing Technology, 2005, 169(1): 103-107.

[3] Yuan B, Zhang X P, Chung C Y, et al. A comparative study of the porous TiNi shape-memory alloys fabricated by three different processes. Metallurgical and Materials Transactions A: Physical Metallurgy and Materials Science, 2006, 37(3): 755-761.

[4] Bansiddhi A, Dunand D C. Shape-memory NiTi foams produced by solid-state replication with NaF. Intermetallics, 2007, 15(12): 1612-1622.

[5] Dong S, Zou G, Yang H. Thermal characteristic of ultrafine-grained aluminum produced by wire electrical explosion. Scripta Materialia, 2001, 44(1): 17-23.

[6] Fu Y, Shearwood C. Characterization of nanocrystalline TiNi powder. Scripta Materialia, 2004, 50(3): 319-323.

[7] Yamamoto T, Kato H, Murakami Y, et al. Martensitic transformation and microstructure of Ti-rich Ti-Ni as-atomized powders. Acta Materialia, 2008, 56(20): 5927-5937.

[8] Zhao J, Cui L, Gao W, et al. Synthesis of NiTi particles by chemical reaction in molten salts. Intermetallics, 2005, 13(3): 301-303.

[9] Radev D D. Mechanical synthesis of nanostructured titanium-nickel alloys. Advanced Powder Technology, 2010, 21(4): 477-482.

[10] Kotov Y. Electric explosion of wires as a method for preparation of nanopowders. Journal of Nanoparticle Research, 2003, 5(5-6): 539-550.

[11] Karioris F G, Fish B R. An exploding wire aerosol generator. Journal of Colloid Science, 1962, 17(2): 155-161.

[12] 王群, 鲍海飞, 杨海滨, 等. 电爆炸一步法制备 Cu-Zn 合金超细微粉. 金属学报, 1999, 35(12): 1271-1273.

[13] Rud A D, Kuskova N I, Ivaschuk L I, et al. Structure state of carbon nanomaterials produced by high-energy electric discharge techniques. Fullerenes. Nanotubes and Carbon Nanostructures, 2010, 19(1-2): 120-126.

[14] 彭楚才, 王金相, 童宗保, 等. 电爆炸法制备纳米粉体材料的研究进展. 材料科学与工程学报, 2013, 31(4): 608-613.

[15] Ju Park E, Won Lee S, Bang I, et al. Optimal synthesis and characterization of Ag nanofluids by electrical explosion of wires in liquids. Nanoscale Research Letter, 2011, 6(1): 1-10.

[16] Gill J J, Ho K, Carman G P. Three-dimensional thin-film shape memory alloy microactuator with two-way effect. Journal of Microelectromechanical Systems, 2002, 11(1): 68-77.

[17] 欧阳鸿武, 陈欣, 余文焘, 等. 气雾化制粉技术发展历程及展望. 粉末冶金技术, 2007, 25(1): 53-58.

[18] 黄培云. 粉末冶金原理. 北京: 冶金工业出版社, 1997.

[19] 刘文胜, 彭芬, 马运柱, 等. 气雾化法制备金属粉末的研究进展. 材料导报, 2009, 23(3): 53-57.

[20] Bruce See J, Johnston G H. Interactions between nitrogen jets and liquid lead and tin streams. Powder Technology, 1978, 21(1): 119-133.

[21] Dombrowski N, Johns W R. The aerodynamic instability and disintegration of viscous liquid sheets. Chemical Engineering Science. 1963, 18: 203-214.

[22] 吕洪. 固体雾化原理及工艺规律的研究. 长沙: 中南大学硕士学位论文, 2003.

[23] Heidloff A, Rieken J, Anderson I, et al. Advancements in Ti alloy powder production by close-coupled gas atomization. PowderMet 2011. San Francisco, CA, 2011: 210-214.

[24] Zeoli N, Gu S, Kamnis S. Numerical modelling of metal droplet cooling and solidification. International Journal of Heat and Mass Transfer, 2008, 51(15-16): 4121-4131.

[25] Shukla P, Mandal R K, Ojha S N. Non-equilibrium solidification of undercooled droplets during atomization process. Bulletin of Materials Science, 2001, 24(5): 547-554.

[26] Mullis A, Farrell L, Cochrane R, et al. Estimation of cooling rates during close-coupled gas atomization using secondary dendrite arm spacing measurement. Metallurgical and Materials Transactions B, 2013, 44(4): 992-999.

[27] 谢焕文, 蔡一湘, 刘辛, 等. 气流雾化法制备 NiTi 形状记忆合金粉末. 全国粉末冶金学术会议. 中国湖南张家界, 2009: 203-205.

[28] Kim Y W, Kim H J. Shape memory foams produced by consolidation of gas-atomized Ti-Ni alloy powders//Lim C T, Goh J C H. 6th World Congress of Biomechanics(WCB 2010)August 1-6, 2010, Singapore: Springer Berlin Heidelberg, 2010: 1250-1253.

[29] Kim Y W, Lee Y J. Shape memory characteristics of gas-atomized Ti-Ni-Mo powders//Lim C T, Goh J C H. 6th World Congress of Biomechanics(WCB 2010)August 1-6, 2010, Singapore: Springer Berlin Heidelberg, 2010: 1246-1249.

[30] Kim Y W, Choi K C, Chung Y S, et al. Microstructure and martensitic transformation characteristics of gas-atomized Ti-Ni-Cu powders. Journal of Alloys and Compounds, 2013, 577(1): S227-S231.

[31] Otsuka K, Ren X. Physical metallurgy of Ti-Ni-based shape memory alloys. Progress in Materials Science, 2005, 50(5): 511-678.

[32] Yeon-Wook K, Kyeong-Su J, Young-Mok Y, et al. Microstructure and shape memory

characteristics of gas-atomized TiNi powders. Physica Scripta, 2010, 139(T139): 014022.

[33] Benjamin J S. Dispersion strengthened superalloys by mechanical alloying. Metallurgical Transactions, 1970, 1(10): 2943-2951.

[34] 陈振华. 现代粉末冶金技术. 北京: 化学工业出版社, 2007.

[35] Suryanarayana C. Mechanical alloying and milling. Progress in Materials Science, 2001, 46(1-2): 1-184.

[36] Suryanarayana C. Does a disordered γ-TiAl phase exist in mechanically alloyed TiAl powders? Intermetallics, 1995, 3(8): 153-160.

[37] Chin Z H, Perng T P. Amorphization of Ni-Si-C ternary alloy powder by mechanical alloying. Materials Science Forum, 1997, 235-238: 121-126.

[38] Kis-Varga M, Beke D L. Phase transitions in Cu-Sb systems induced by ball milling. Materials Science Forum, 1996, 225-227: 465-470.

[39] Byun J S, Shim J H, Cho Y W. Influence of stearic acid on mechanochemical reaction between Ti and BN powders. Journal of Alloys and Compounds, 2004, 365(1–2): 149-156.

[40] Terayama A, Kyogoku H, Sakamura M, et al. Fabrication of TiNi powder by mechanical alloying and shape memory characteristics of the sintered alloy. Materials Transactions, 2006, 47(7): 550-557.

[41] Kashani Bozorg S F, Rabiezadeh A. Evolution of nano-structured products in mechanical alloying of Ni and Ti with or without process control agent. AIP Conference Proceedings, 2009, 1136(1): 825-829.

[42] Gu Y W, Goh C W, Goi L S, et al. Solid state synthesis of nanocrystalline and/or amorphous 50Ni-50Ti alloy. Materials Science and Engineering: A, 2005, 392(1-2): 222-228.

[43] Schwarz R B, Petrich R R, Saw C K. The synthesis of amorphous NiTi alloy powders by mechanical alloying. Journal of Non-Crystalline Solids, 1985, 76(2): 281-302.

[44] Nam T H, Hur S G, Ahn I S. Phase transformation behaviours of Ti-Ni and Ti-Ni-Cu shape memory alloy powders fabricated by mechanical alloying. Advances in Powder Metallurgy and Particulate Materials, 1997, 2(1): 11-43.

[45] Maziarz W, Dutkiewicz J, van Humbeeck J, et al. Mechanically alloyed and hot pressed Ni-49.7Ti alloy showing martensitic transformation. Materials Science and Engineering: A, 2004, 375-377: 844-848.

[46] Mousavi T, Karimzadeh F, Abbasi M H. Synthesis and characterization of nanocrystalline NiTi intermetallic by mechanical alloying. Materials Science and Engineering: A, 2008, 487(1-2): 46-51.

[47] Tria S, Elkedim O, Li W Y, et al. Ball milled Ni-Ti powder deposited by cold spraying. Journal of Alloys and Compounds, 2009, 483(1): 334-336.

[48] Amini R, Alijani F, Ghaffari M, et al. Quantitative phase evolution during mechano-synthesis of Ti-Ni-Cu shape memory alloys. Journal of Alloys and Compounds, 2012, 538(1): 253-257.

[49] Ghadimi M, Shokuhfar A, Zolriasatein A, et al. Morphological and structural evaluation of nanocrystalline NiTiCu shape memory alloy prepared via mechanical alloying and annealing. Materials Letters, 2013, 90(1): 30-33.

[50] Martins C B, Silva G, Fernandes B B, et al. High-energy ball milling of Ni-Ti and Ni-Ti-Nb powders. Materials Science Forum, 2006, 530-531: 211-216.

[51] Gashti SO, Shokuhfar A, Ebrahimi-Kahrizsangi R, et al. Synthesis of nanocrystalline intermetallic compounds in Ni-Ti-Al system by mechanothermal method. Journal of Alloys and Compounds, 2010, 491(1): 344-348.

[52] Rostami A, Sadrnezhaad S K, Bagheri G A. Production of nanostructured Ni-Ti-Ag alloy by mechanical alloying. Advanced Materials Research, 2014, 829: 67-72.

[53] Alijani F, Amini R, Ghaffari M, et al. Effect of milling time on the structure, micro-hardness, and thermal behavior of amorphous/nanocrystalline TiNiCu shape memory alloys developed by mechanical alloying. Materials & Design, 2014, 55(6): 373-380.

[54] Amini R, Alijani F, Ghaffari M, et al. Formation of B19′, B2, and amorphous phases during mechano-synthesis of nanocrystalline NiTi intermetallics. Powder Technology, 2014, 253: 797-802.

[55] Hwang C M, Meichle M, Salamon M B, et al. Transformation behaviour of a $Ti_{50}Ni_{47}Fe_3$ alloy I. Premartensitic phenomena and the incommensurate phase. Philosophical Magazine A, 1983, 47: 9-30.

[56] Hsieh S F, Chen S L, Lin H C, et al. A study of TiNiCr ternary shape memory alloys. Journal of Alloys and Compounds, 2010, 494(1-2): 155-160.

[57] Al-Hajry A, Algarni H, Bououdina M, et al. NiTi shape memory alloy at the nanoscale regime prepared by mechanical alloying and subsequent annealing at low temperature. Science of Advanced Materials, 2013, 5: 1392-1399.

[58] Barin I. Thermochemical data of pure substances. Berlin: Wiley-VCH Verlag GmbH, 1993.

[59] 崔立山, 高万夫, 赵金龙, 等. 一种利用盐浴合成法制备微纳米 NiTi、NiAl 粉体的方法: 中国, 02123996. 2004-1-14.

[60] Kim Y W. Martensitic transformation behaviors of rapidly solidified Ti-Ni-Mo powders. Materials Research Bulletin, 2012, 47(10): 2956-2960.

[61] Tian B, Tong Y X, Chen F, et al. Phase transformation of NiTi shape memory alloy powders prepared by ball milling. Journal of Alloys and Compounds, 2009, 477(1-2): 576-579.

[62] Shao Y, Cui L, Jiang X H, et al . Preparing TiNiNb shape memory alloy powders by hydriding-dehydriding process. Smart Materials and Structures, 2016, 25(7): 075042.

第 3 章　超细晶钛镍基形状记忆合金薄膜

自 1990 年 Buehler 等采用溅射沉积的方法成功制备出 TiNi 合金薄膜以来[1]，得益于其较大的恢复力、恢复应变、单位体积输出功等性能，TiNi 合金薄膜已成为一类重要的微驱动器材料。各类薄膜沉积工艺陆续被用于制备 TiNi 基合金薄膜，包括脉冲激光沉积[2]、电子束沉积[3]、离子注入[4]等。利用快淬法(甩带)制备 TiNi 合金薄带的研究则开始得更早[5]。磁控溅射与甩带法是最为成功的制备 TiNi 基合金薄膜/薄带的工艺。制备态的 TiNi 合金薄膜为完全非晶态，晶化过程中其形核率低，长大速率快，因此晶化薄膜的晶粒尺寸通常在微米量级[6, 7]。为获得超细晶 TiNi 基合金薄膜，研究人员相继开发了多种手段，包括调整成分[8]、快速退火[9]或衬底加热[10]等。本章主要涉及利用前两种手段制备的超细晶 TiNi 基合金薄膜或薄带，具体内容包括薄膜/薄带的制备工艺、晶化行为、显微组织与形状恢复特性等。

3.1　超细晶钛镍基形状记忆合金薄膜的制备工艺

3.1.1　磁控溅射法

作为一种常见的物理气相沉积工艺，磁控溅射是目前制备厚度在 0.5～20μm 之间的 TiNi 基合金薄膜的最佳手段。目前，磁控溅射制备的 TiNi 基合金薄膜包括 TiNiCu[11]、TiNiHf[9]、TiNiPd[12]等。根据所用电源，磁控溅射可以分为直流磁控溅射与射频磁控溅射两大类，对 TiNi 基合金而言，前者的沉积速率较高。图 3-1 所示为磁控溅射装置的示意图[13]，其技术原理在于，利用带有电荷的 Ar 离子在电场中加速后具有一定动能的特点，将离子引向合金靶材，在离子能量适当的情况下，入射离子在与靶材表面原子的碰撞过程中将后者溅射出来。这些被溅射出来的原子带有一定的动能，并且会沿着一定的方向射向衬底，从而实现薄膜的沉积。衬底可以是单晶硅、SiO$_2$、Si$_3$N$_4$、聚酰亚胺薄膜或 Cu 片等。溅射工艺的参数主要有溅射功率、背底真空、氩气偏压、靶材与衬底之间距离、衬底温度等。部分最佳的工艺参数如下：背底真空小于 5×10^{-7}torr*，氩气偏压为 2～20mtorr，靶材到衬底之间距离保持在 2～5cm[14]。

氩气偏压主要影响薄膜的成分和结构。随压力增大，Ti 含量增加[15]。图 3-2 给出了不同压力下 TiNi 合金薄膜的截面结构与表面形貌[16]。当氩气偏压为 2.7Pa

---

* 1torr=10^{2}Pa。

时，薄膜截面表现出粗大的柱状结构，表面则出现大量的裂纹。当氩气偏压减小到 1Pa 时，薄膜截面仍表现出柱状结构，但是表面的裂纹消失。当氩气偏压继续减小到 0.3Pa 时，薄膜截面表现出致密的结构。这可能是因为沉积的原子在薄膜

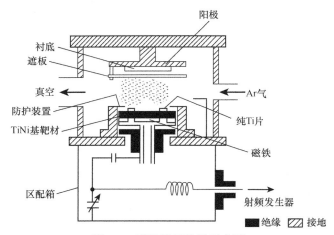

图 3-1　磁控溅射装置示意图

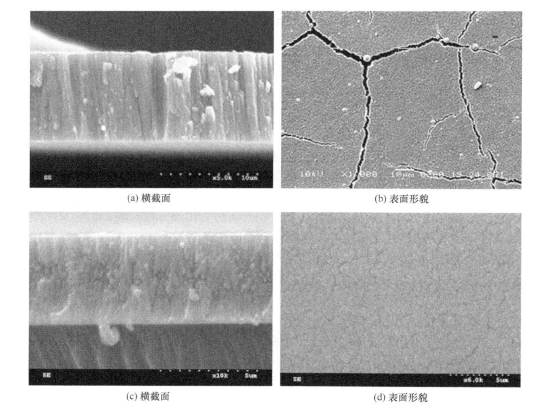

(a) 横截面　　　　　　　　　　　　　　　　(b) 表面形貌

(c) 横截面　　　　　　　　　　　　　　　　(d) 表面形貌

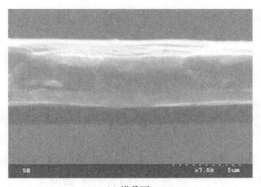

(e) 横截面

图 3-2　氩气偏压对 TiNi 合金薄膜横截面结构与表面形貌的影响

(a)与(b)2.7Pa, (c)与(d)1Pa, (e)0.3Pa

表面的可动性受限引起的。溅射的原子可能与 Ar 离子碰撞，损失部分能量，从而导致其扩散能力减弱。此外，当 Ar 气压较高时，附着于薄膜表面的 Ar 离子可能会干扰 Ti 原子与 Ni 原子的扩散。

衬底温度不影响 TiNi 基合金薄膜的成分，但是对于薄膜的组织结构有显著影响。当沉积温度为室温时，溅射态 TiNi 合金薄膜通常是非晶结构[16]，需要对其进行退火处理(退火温度一般高于 450℃)才能获得形状记忆效应。为减小退火过程中薄膜与衬底的反应，应尽可能采用较低的退火温度和较短的退火时间。在这方面，利用红外加热的快速退火方式具有一定的优势[6]。如果沉积温度增加到 350℃以上，溅射态薄膜为晶态结构。这种方式避免了高温退火处理[17]。不同的研究者报道了不同的临界沉积温度，这可能与具体的沉积参数，如沉积功率、靶材与衬底距离、氩气偏压等有关。如果需要对薄膜的组织结构进行进一步调整，可以选择在较低的温度(300℃左右)进行退火处理。需要说明的是，较高温度下的沉积有助于获得超细晶的 TiNi 基合金薄膜，如图 3-3 所示[16]。

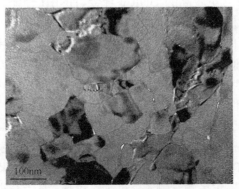

图 3-3　$Ti_{48.7}Ni_{51.3}$ 合金薄膜的透射电子显微像

沉积温度为 450℃，衬底为(111)Si

　　在 TiNi 基合金磁控溅射过程中，"预溅射"是必不可少的步骤，包括靶材的预溅射和纯 Ti 靶的预溅射。对于全新的合金靶材，考虑 Ni 的溅射率大约是 Ti 的 3 倍，此时溅射得到的薄膜是富 Ni 的。预溅射有助于稳定薄膜的成分[14]。纯 Ti 靶的预溅射通常在每次制备薄膜前，其目的是利用 Ti 与 O 容易反应的特性，进一步减小真空室中残余的 O 含量。

　　TiNi 基合金薄膜制备中的一个关键问题是如何精确控制薄膜的成分。由于 Ti 元素非常活泼，易于与其他杂质元素发生反应，薄膜中 Ni 含量通常较高。据报道，当单独使用等原子比的 TiNi 合金靶材作为溅射源，TiNi 合金薄膜中 Ti 的含量仅为 48%(原子分数)左右[10]。为此，研究者采用各种不同的措施来补偿损失的 Ti，包括加纯金属靶与 TiNi 合金靶共溅射、Ti 靶与 Ni 靶共溅射、在合金靶表面放置 Ti 片或者调整合金靶材的成分[13, 14, 16, 18]。前两种方法可以通过调整溅射功率方便地调整薄膜的成分，第三种方法需要搞清楚 Ti 片的分布、大小、数量等因素对薄膜成分的影响，操作较为复杂。如果希望获得等原子比的 TiNi 合金薄膜，推荐使用 Ni 含量为 48.18%(原子分数)、Ti 含量为 51.82%(原子分数)的靶材[14]。

　　如何保证薄膜在整个衬底或者沿厚度方向的成分均匀性是获得高质量薄膜的另外一个关键问题。这方面的措施主要有保持衬底以一定速度旋转、合理调整靶位或者溅射过程中加热合金靶[19]。然而，保持衬底旋转会降低沉积速率[14]。

3.1.2　甩带法

　　甩带法是一类典型的快速凝固技术，适用于制备厚度在 20～60μm 的 TiNi 基合金薄带。与传统的凝固技术相比较，利用快速凝固技术制备的 TiNi 基合金薄带具有以下 4 个方面的优势[20]：①可能形成亚稳相；②增大合金元素的溶解度；③减小合金元素的偏聚；④细化晶粒。从工程应用角度讲，该技术的一个突出优势是在合金熔炼后，跳过了拉拔、轧制等传统加工工艺，可以获得能够直接应用的薄带，尤其适合于如 Cu 含量较高的 TiNiCu 合金、TiNiHf 合金等块体状态下较脆，不能轧制、拉拔加工的材料。

　　TiNi 基合金薄带的制备方法主要有单辊甩带法、平面流铸法和双辊法。图 3-4 所示为上述三种工艺制备 TiNi 基合金薄带的示意图。下面以单辊甩带法为例说明制备过程：将事先熔炼好的合金放入石英或者氧化铝坩埚中，经感应熔化获得熔融的液体，在高压惰性气体的推动下，熔融的液体直接喷射在高速旋转的水冷铜辊上，经快速凝固即可获得薄带。平面流铸法工艺原理与单辊甩带法基本相同，只是石英喷嘴的宽度与薄带的宽度相同，喷嘴与辊面的距离更小。双辊法与单辊甩带法的区别仅在于前者利用两个辊轮冷却，易于获得具有均匀显微组织的薄带，后者所制备的薄带与辊轮接触一侧，冷却速率较高，易于获得非晶组织。而与空气接触一侧，冷却速率较低，可能获得部分晶粒镶嵌在非晶基体上的组织。

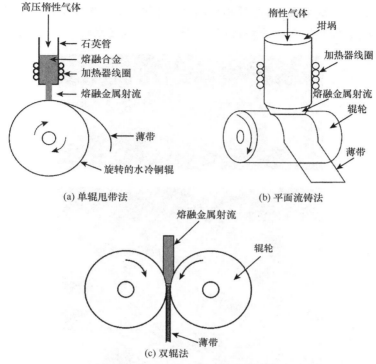

图 3-4　TiNi 基合金薄带制备示意图

　　Goryczka 等[21]采用双辊法制备宽度为 45mm 的薄带。图 3-5 比较了单辊法与双辊法制备的 $Ti_{50}Ni_{25}Cu_{25}$ 合金薄带的横截面，发现双辊法制备的薄带横截面上中心处有明显的分界线。

　　控制薄带微观组织与性能的关键因素是冷却速率，TiNi 基合金的冷却速率通常在 $10^5 \sim 10^7 ℃/s$ 之间。冷却速率主要取决于制备工艺参数与合金性质，前者主要包括辊轮速率、惰性气体压力、喷嘴与辊面之间的距离、熔体温度，后者主要包括合金密度、合金比热容、界面传热系数等，其中辊轮速率与熔体温度是主要的影响因素。冷却速率(V_c)的计算公式如式(3-1)所示。

$$V_c = \frac{h(T - T_0)}{l\rho C} \tag{3-1}$$

其中，h 为界面传热系数；T 为熔体温度；T_0 为辊轮温度；l 为薄带厚度；ρ 为合金密度；C 为合金比热容。

　　表 3-1 总结了部分 TiNi 基合金薄带的成分、制备工艺参数与条带厚度。Nam 等[22, 23]研究了熔体温度对薄带微观组织的影响，$Ti_{50}Ni_{25}Cu_{25}$ 薄带在熔体温度为 1400℃时形成非晶和晶相 B2 的混合组织，而在 1530℃下则形成完全非晶组织；$Ti_{50}Ni_{45}Cu_5$ 薄带在熔体温度为 1400℃时形成 B19′相，而在 1500℃时则形成 B19 相，

并析出 Ti_2Ni 球形纳米颗粒。必须指出的是，目前大部分的文献报道中并未给出具体的冷却速率，而是用辊轮速率替代，这导致很难直接比较不同文献之间的数据。

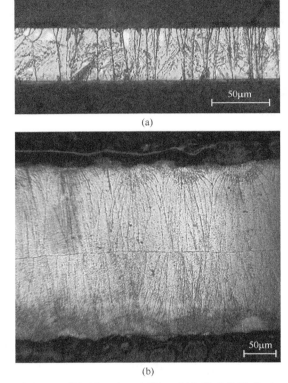

图 3-5　单辊法(a)与双辊法(b)制备的薄带纵截面

表 3-1　部分 TiNi 基合金薄带的化学成分、制备工艺与厚度

合金成分(原子分数)/%	辊轮速率/(m/s)	气体压力/kPa	熔体温度/℃	条带厚度/mm	文献
$Ti_{50}Ni_{50}$	19	22	1467	40±3	[24]
$Ti_{50}Ni_{45}Cu_5$	19	20	1427	41±5	
$Ti_{50}Ni_{25}Cu_{25}$	23	20	1352	35±3	
$Ti_{50}Ni_{25}Cu_{25}$	19	20	1256	34	[21]
$Ti_{50}Ni_{25}Cu_{25}$	42	—	1150	20	[23]
$Ti_{50}Ni_{35}Cu_{15}$	27.5	40	1400～1600	57～44	[22]
TiNiHfRe	19	20	1380～1430	30～60	[25]
$Ni_{50}Ti_{32}Hf_{18}$	—	—	1039	35±3	[26]
$Ni_{50}Ti_{32}Zr_{18}$	—	—	1035	33±3	
TiNiCuZr	19	20	997～1147	30～50	[27]

制备态 TiNi 合金薄带通常是完全晶态，而使用相同的制备工艺，制备态 TiNiCu 合金薄带的微观组织与 Cu 含量有关[24]。Cu 含量较高的合金更符合 Inoue 所提出的制备非晶合金的三个原则[28]，因此 Cu 含量较高的制备态薄带是部分非晶或者完全非晶态。这也是为什么通常选择三元合金制备薄带的原因之一。

3.2　超细晶钛镍基形状记忆合金薄膜的组织与性能

3.2.1　显微组织

非晶态等原子比 TiNi 合金薄膜在晶化过程中成分不发生改变，即发生多晶型转变。形核后，晶粒呈球状，在晶粒长大过程中，新的晶核均匀出现在非晶基体上。随晶化时间延长，晶粒持续长大并彼此碰撞，最终完成整个晶化过程[29]。一般来说，晶粒尺寸大小取决于形核率与长大速率。形核率越高并且长大速率低，有利于获得超细晶组织，反之则仅获得粗晶组织。对于非晶 TiNi 基合金而言，提高形核率方面的手段主要是利用塑性变形引入位错或纳米晶等，这部分内容将在第 4 章与第 6 章介绍。细化 TiNi 基合金薄膜晶粒的手段主要是引入阻碍晶粒长大的相，从而减小晶粒长大速率，包括：①引入在 TiNi 基体中溶解度极小的元素，如 W[30]或 Nb 元素[31]；②控制 Ti 含量与引入 Cu 元素[8, 32, 33]。Navjot Kaur 等[30]利用 TiNi 合金与 W 共溅射制备了 TiNiW 合金薄膜，发现 W 可将薄膜晶粒尺寸细化至 40nm 以下。Li 等[31]利用共溅射制备了非晶 $Ti_{38.8}Ni_{41.7}Nb_{19.5}$ 薄膜，发现经 625℃ 处理 30min 后，薄膜的晶粒尺寸仅为 78nm。上述超细晶组织的获得主要是由于 W 或 Nb 不溶于 TiNi 基体或溶解度非常有限，因此密集分布的 W 或 Nb 将阻碍薄膜晶粒长大。第二种手段的研究相对较为充分，因此下面主要阐述 TiNiCu 合金薄膜的微观组织。除上述两种手段外，利用快速退火也可以在 TiNi 基合金薄膜中获得超细晶组织，如 Tong 等[9]利用快速退火将非晶 $Ti_{35.7}Ni_{47.9}Hf_{16.4}$ 合金薄膜在不同温度退火处理 25s，获得了晶粒尺寸介于 36～248nm 的薄膜。

图 3-6 所示为溅射态 $Ti_{51.4}Ni_{25.2}Cu_{23.4}$ 与 $Ti_{51.4}Ni_{11.3}Cu_{37.3}$ 合金薄膜的室温 X 射线衍射谱[8]。薄膜采用高纯 Ti 靶、Ni 靶与 Cu 靶共溅射在玻璃基体上，衬底温度为 200℃，厚度约为 8μm。可见，两种成分的 TiNiCu 合金薄膜均为非晶态。图 3-7 给出了 $Ti_{51.4}Ni_{25.2}Cu_{23.4}$、$Ti_{51.3}Ni_{21.1}Cu_{27.6}$、$Ti_{51.2}Ni_{15.7}Cu_{33.1}$ 与 $Ti_{51.4}Ni_{11.3}Cu_{37.3}$ 合金薄膜在不同温度退火 1h 的显微组织[8]。所有薄膜在观察温度下均为母相。可见，$Ti_{51.4}Ni_{25.2}Cu_{23.4}$ 薄膜的晶粒尺寸约为 1μm，并且不随退火温度变化而变化。随 Cu 含量增加，TiNiCu 合金薄膜的晶粒尺寸减小。特别是经 500℃ 退火的 $Ti_{51.2}Ni_{15.7}Cu_{33.1}$ 与 $Ti_{51.4}Ni_{11.3}Cu_{37.3}$ 薄膜，它们的晶粒尺寸分别为 120nm 与 50nm。这远远小于 $Ti_{50}Ni_{50}$ 合金薄膜的晶粒尺寸。对于后者，经 500℃ 退火 5min 后，晶粒

尺寸约为 $10\mu m$[6]。这表明，添加 Cu 元素有助于减小 TiNiCu 合金薄膜的晶粒尺寸。Callsti 等观察到类似的结果[32]。然而，高 Cu 含量并不是获得超细晶 TiNiCu 合金薄膜的充分条件。Gao 等[34]在 $Ti_{44.5}Ni_{55.5-x}Cu_x(x=15.3\sim32.8)$ 合金薄膜中发现，非晶薄膜在经 500℃退火 1h 后，晶粒尺寸在微米量级。Ishida 等[35]的研究结果表明，当 Ti 含量自 50.2%增加至 55.4%时，$Ti_xNi_{84.5-x}Cu_{15.5}$ 薄膜的晶粒尺寸自 $1.6\mu m$ 减小至 130nm。上述结果意味着获得超细晶结构的 TiNiCu 合金薄膜需要综合调控 Ti 与 Cu 含量。

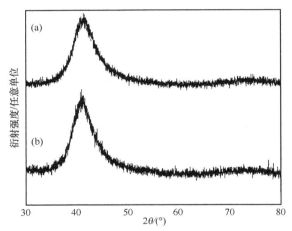

图 3-6　溅射态 $Ti_{51.4}Ni_{25.2}Cu_{23.4}$(a)与 $Ti_{51.4}Ni_{11.3}Cu_{37.3}$(b)
合金薄膜的 X 射线衍射谱

由图 3-7 还可以看出，经 500℃退火的 $Ti_{51.4}Ni_{25.2}Cu_{23.4}$ 合金薄膜晶粒内部与晶界处均分布大量析出相；当退火温度升高到 600℃，晶粒内部含有大量析出相；当退火温度升高到 700℃，晶粒内部并无任何析出相。对于 $Ti_{51.3}Ni_{21.1}Cu_{27.6}$ 合金薄膜，当退火温度为 500℃时，晶粒内部与晶界处均出现析出相；当升高退火温度，晶粒内部则不含有任何析出相。如果继续增加 Cu 含量，即使退火温度为 500℃，晶粒内部仍不含有任何析出相，晶界处存在大量可能为 Ti_2Cu 或 TiCu 的析出相。图 3-7(g)～(i)中分布的黑点是由电化学抛光造成的。利用选区电子衍射确定了上述析出相的类型，总结在表 3-2[8]中。

DSC 分析可进一步揭示非晶态薄膜的晶化机制，从而为理解 Cu 含量与晶粒尺寸之间的关系提供依据。图 3-8 所示为非晶态 $Ti_{51.4}Ni_{25.2}Cu_{23.4}$、$Ti_{51.3}Ni_{21.1}Cu_{27.6}$、$Ti_{51.2}Ni_{15.7}Cu_{33.1}$ 与 $Ti_{51.4}Ni_{11.3}Cu_{37.3}$ 合金薄膜的 DSC 曲线，加热速率为 10℃/min[8]。可见，非晶态 $Ti_{51.4}Ni_{25.2}Cu_{23.4}$ 与 $Ti_{51.3}Ni_{21.1}Cu_{27.6}$ 的晶化转变均表现为一步相变，符合多晶型转变的特征。这与等原子比 TiNi 与 $Ti_{50}Ni_{40}Cu_{10}$ 合金薄膜的晶化行为一致[36]。$Ti_{51.2}Ni_{15.7}Cu_{33.1}$ 与 $Ti_{51.4}Ni_{11.3}Cu_{37.3}$ 合金薄膜在加热过程中发生两步相变，分

别对应初次晶化和二次晶化，这表明随 Cu 含量变化，非晶薄膜的晶化机制改变为初晶型转变。多晶型转变的特征是产物与非晶基体的成分保持一致，晶化过程中晶粒持续长大直至与相邻晶粒碰撞为止。而对于初晶型转变，首先形成的初生晶粒与非晶基体成分不同，因此初生晶粒的前缘将形成一成分梯度，非晶基体的成分发生变化直至达到亚稳态。随后，二次晶化开始。显然，不同于多晶型转变，初晶型转变需要成分扩散。这可能延缓晶粒长大过程。此外，二次晶化相的长大也可能被初生相所阻止。Callsti 等[32, 33]根据透射电镜观察结果认为过量 Cu 加入导致晶化类型发生改变，降低了晶粒长大速度。这进一步佐证了上述假说。

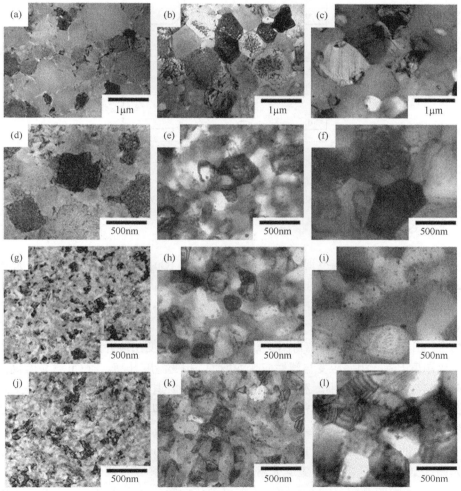

图 3-7　$Ti_{51.4}Ni_{25.2}Cu_{23.4}$(a)～(c)、$Ti_{51.3}Ni_{21.1}Cu_{27.6}$(d)～(f)、$Ti_{51.2}Ni_{15.7}Cu_{33.1}$(g)～(i)与
$Ti_{51.4}Ni_{11.3}Cu_{37.3}$(j)～(l)合金薄膜在不同温度退火 1h 的显微组织
500℃((a), (d), (g), (j)), 600℃((b), (e), (h), (k))与 700℃((c), (f), (i), (l))

表 3-2　在不同温度退火 1h 后 Ti$_{51.5}$Ni$_{48.5-x}$Cu$_x$(x=0～37.3)合金薄膜中晶粒内部的析出相

Cu含量	0	6.5	11.6	15.4	20.9	23.4	27.6	33.1	37.3
937K			Ti$_2$Ni					无析出相	
873K					Ti$_2$Cu				
773K			GP区				TiCu		

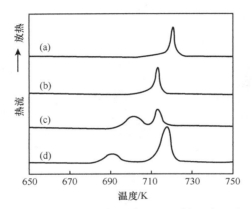

图 3-8　Ti$_{51.4}$Ni$_{25.2}$Cu$_{23.4}$(a)、Ti$_{51.3}$Ni$_{21.1}$Cu$_{27.6}$(b)、Ti$_{51.2}$Ni$_{15.7}$Cu$_{33.1}$(c)
与 Ti$_{51.4}$Ni$_{11.3}$Cu$_{37.3}$(d)非晶合金薄膜的 DSC 曲线

3.2.2　形状恢复特性

图 3-9 所示为不同温度退火处理 1h 后 Ti$_{51.3}$Ni$_{21.1}$Cu$_{27.6}$合金薄膜在不同外加应力下的应变-温度曲线[37]。其他成分的合金薄膜，如 Ti$_{51.4}$Ni$_{25.2}$Cu$_{23.4}$、Ti$_{51.2}$Ni$_{15.7}$Cu$_{33.1}$ 与 Ti$_{51.4}$Ni$_{11.3}$Cu$_{37.3}$，均表现出类似的应变-温度曲线。可见，由于薄膜中仅发生 B2↔B19 相变，因此 TiNiCu 合金薄膜的相变滞后远小于 TiNi 二元合金。随外加应力增大，相变应变增大，当应力高于某一数值，塑性应变出现并随应力增大而增大。随退火温度升高，相变应变与塑性应变均增加，相变温度升高。随 Cu 含量升高，相变应变与塑性应变均减小。需要注意的是，经 500℃ 退火的 Ti$_{51.3}$Ni$_{21.1}$Cu$_{27.6}$ 合金薄膜在外力应力为 1GPa 时，仍未表现出任何塑性应变。类似的薄膜还包括经 600℃ 退火的 Ti$_{51.2}$Ni$_{15.7}$Cu$_{33.1}$ 薄膜与经 600℃ 和 700℃ 退火的 Ti$_{51.4}$Ni$_{11.3}$Cu$_{37.3}$ 薄膜。

Cu 含量与退火温度对 Ti$_{51.5}$Ni$_{48.5-x}$Cu$_x$(x=0～37.3)合金薄膜临界滑移应力的影响如图 3-10[37]所示。可见，随退火温度升高，临界滑移应力减小。当 Cu 含量少于 23.4%时，薄膜的晶粒尺寸并不随退火温度变化而发生显著变化。经 500℃ 退火薄膜的高临界滑移应力来自于与基体共格的 GP 区的影响。当升高退火温度至 600℃，与基体共格的 Ti$_2$Cu 相强化基体同样会增加薄膜的临界滑移应力。对于经 700℃

退火处理的 Cu 含量在 0～23.4%(原子分数)的薄膜，由于 Cu 的固溶强化与晶粒细化，导致临界滑移应力随 Cu 含量增加增大。当 Cu 含量高于 23.4%(原子分数)时，临界滑移应力随 Cu 含量增加而迅速增大，这可归结为晶粒细化和与基体共格的 TiCu 相。当 Cu 含量自 23.4%增大至 37.3%，经 500℃退火处理薄膜的晶粒尺寸自 0.8μm 细化至 0.05μm，同时 TiCu 相的体积分数增大。

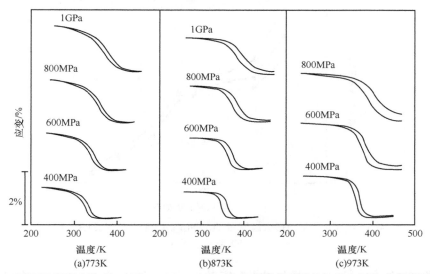

图 3-9　不同温度退火处理 1h 后 $Ti_{51.3}Ni_{21.1}Cu_{27.6}$ 合金薄膜在不同外加应力下的应变-温度曲线

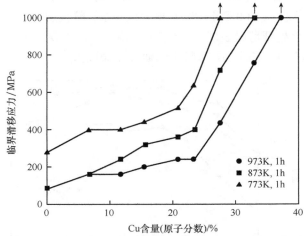

图 3-10　Cu 含量与退火温度对 $Ti_{51.5}Ni_{48.5-x}Cu_x(x=0～37.3)$ 合金薄膜临界滑移应力的影响

图 3-11 所示为 Cu 含量与退火温度对 $Ti_{51.5}Ni_{48.5-x}Cu_x(x=0～37.3)$ 合金薄膜最大可恢复应变的影响[37]。Cu 含量为 6.2%薄膜的最大可恢复应变与其他薄膜的差距

主要是因为继续增大 Cu 含量，相变类型自 B2↔B19′变为 B2↔B19。当 Cu 含量自 11.5%增加至 23.4%，最大可恢复应变缓慢下降；继续增加 Cu 含量，最大恢复应变迅速下降。$Ti_{51.4}Ni_{11.3}Cu_{37.3}$ 合金薄膜的最大可恢复应变仅为 0.37%。这可归结为参与相变的 B2 相体积分数随 Cu 含量增大而下降。

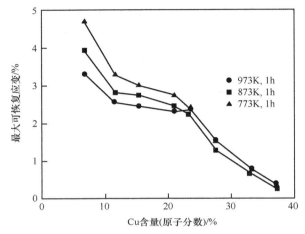

图 3-11　Cu 含量与退火温度对 $Ti_{51.5}Ni_{48.5-x}Cu_x$(x=0～37.3)合金薄膜
最大可恢复应变的影响

图 3-12 给出了 Cu 含量与退火温度对 $Ti_{51.5}Ni_{48.5-x}Cu_x$(x=0～37.3)合金薄膜 M_s 温度的影响[37]。M_s 温度起初随 Cu 含量增加而升高，之后趋于平缓。当 Cu 含量为 6.5%～27.6%的薄膜经 600℃和 700℃退火处理后，薄膜的 M_s 温度几乎不发生变化。经 500℃退火处理薄膜表现出较低的 M_s 温度，这主要与薄膜中与基体共格的析出相有关。这与 $Ti_{50}Ni_{25}Cu_{25}$ 薄带中的研究结果一致[38]。

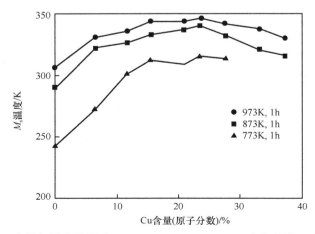

图 3-12　Cu 含量与退火温度对 $Ti_{51.5}Ni_{48.5-x}Cu_x$(x=0～37.3)合金薄膜 M_s 温度的影响

图 3-13 给出了 Cu 含量与退火温度对 $Ti_{51.5}Ni_{48.5-x}Cu_x(x=0\sim37.3)$ 合金薄膜相变滞后的影响[37]。相变滞后由图 3-9 所示的应变-温度曲线确定，外加应力为 120MPa。与 TiNi 二元合金薄膜相比较，TiNiCu 合金薄膜表现出较小的相变滞后。随 Cu 含量自 6.4%增加至 23.4%，相变滞后略有下降，之后随 Cu 含量增加至 37.3%，相变滞后略有增加。

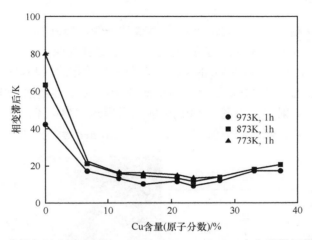

图 3-13　Cu 含量与退火温度对 $Ti_{51.5}Ni_{48.5-x}Cu_x(x=0\sim37.3)$ 合金薄膜相变滞后的影响

3.3　快淬钛镍铜合金薄带

目前，利用甩带法制备的 TiNi 基记忆合金薄带包括 TiNi 二元合金[5]、TiNiCu 合金[20]、TiNiHf 与 TiNiZr 合金[39]、TiNiHfRe 合金[25]、TiNiCuZr 合金[40]以及 TiNiHfCu 合金[41]等。其中 TiNiCu 合金薄带由于其具有较小的相变滞后、良好的热循环稳定性以及可观的形状恢复特性等，在微驱动器材料领域展现出良好的应用前景。

制备态 TiNiCu 合金薄带多为非晶，普通晶化处理后薄带的晶粒尺寸约为数个微米，如 Santamarta 等将非晶 $Ti_{50}Ni_{25}Cu_{25}$ 薄带在 420℃退火 10min，薄带的晶粒尺寸约为 $1\sim2\mu m$[42]。超细晶 TiNiCu 合金薄带多采用较为特殊的热处理工艺获得，如两步退火[43]、电流加热[44]与快速退火[45]。两步退火是根据 TiNi 合金中晶粒长大的激活能要低于形核激活能，首先将非晶 TiNiCu 合金薄带在较高温度下进行第一步退火使非晶基体形核，而不是基体中残余的晶粒长大；第二步退火在较低温度下进行，其目的在于使第一步中形成的晶核长大。Kim 等[43]利用此方法获得了晶粒尺寸在 $0.25\sim0.28\mu m$ 的 $Ti_{50}Ni_{30}Cu_{20}$ 合金薄带。电流加热是根据动态再结晶，将非晶薄带利用电流脉冲加热极短的时间。Shelyakov 等[44]利用此方法获得了晶粒尺寸在 20～60nm 的 $Ti_{50}Ni_{25}Cu_{25}$ 合金薄带。快速退火是在极短时间内将非晶薄带加热至晶化温度附近，使其完成晶化的方法。极高的加热速率将影响相变机制和动力学，可实现晶粒细化等目的[46]。本节将主要介绍利用快速退火处理 TiNiCu 薄带的相关内容。

3.3.1　晶化行为

采用单辊法制备的 TiNiCu 非晶合金薄带一侧与冷却辊接触，一侧与空气接触。两侧的合金在冷却速率上存在一定的差异，这在薄带两侧的微观组织上有所反应。图 3-14 给出了制备态 $Ti_{50}Ni_{25}Cu_{25}$ 合金薄带的相组成与显微组织[47]。可见，接触侧薄带表现出完全的非晶，而在自由侧薄带在 X 射线衍射谱中出现了与 B19 马氏体相对应的衍射峰。由图 3-14(b)中的显微组织观察可见，晶粒镶嵌在非晶基体中，进一步证实了 X 射线衍射的结果。这与 Rösner 等[48]的报道一致。

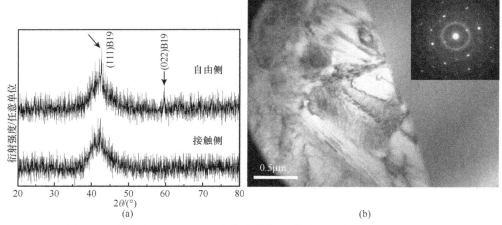

图 3-14　制备态 $Ti_{50}Ni_{25}Cu_{25}$ 合金薄带的 X 射线衍射谱(a)与显微组织(b)

图 3-15 所示为制备态 $Ti_{50}Ni_{25}Cu_{25}$ 合金薄带在不同加热速率下的 DSC 曲线[49]。可见，制备态薄带在加热过程中表现出一个对应晶化转变的放热峰，随加热速率自 5℃/min 增加至 40℃/min，薄带的晶化峰值温度自 448℃升高至 473℃。利用不同加热速率下所获得的峰值温度，通过 Kissinger 方程可以得到激活能。Kissinger 方程如式(3-2)所示[50]。

$$\ln\left(\frac{\alpha}{T_p^2}\right) = C - \frac{E_a}{RT_p} \tag{3-2}$$

其中，α 是加热速率；T_p 是晶化峰值温度；R 是摩尔气体常数；E_a 为激活能。计算得到晶化激活能约为 406kJ/mol。此数值低于二元 TiNi 合金[36]，表明添加 Cu 降低了薄带的热稳定性。

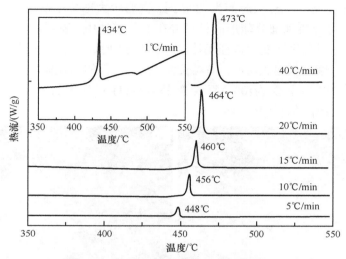

图 3-15　制备态 $Ti_{50}Ni_{25}Cu_{25}$ 合金薄带在不同加热速率下的 DSC 曲线

图 3-16 所示为快速退火处理不同时间的 $Ti_{50}Ni_{25}Cu_{25}$ 合金薄带的 X 射线衍射谱[47]，退火温度为 400℃，加热速率为 3000℃/min。可见，随退火时间延长，与非晶相对应的峰逐渐消失，而与 B19 马氏体相对应的衍射峰逐渐变尖锐。当退火时间为 30s 时，薄带完全晶化。上述结果表明，在快速退火处理过程中，非晶相直接发生晶化转变。图 3-17 所示为快速退火处理 $Ti_{50}Ni_{25}Cu_{25}$ 合金薄带的显微组

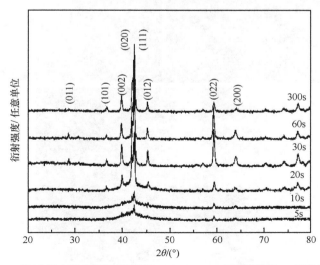

图 3-16　快速退火处理不同时间的 $Ti_{50}Ni_{25}Cu_{25}$ 合金薄带的 X 射线衍射谱
退火温度为 400℃

织[45]。当退火时间为 10s 时，薄带中大部分仍为非晶组织，但可观察到部分晶粒聚集在一起形成球形。当退火时间为 20s 时，薄带中大部分已发生晶化转变，如图 3-17(c)所示；可观察到部分球形晶粒镶嵌在非晶基体中，表明晶粒长大是各向同性的。这与多晶型晶化转变的特征相符。当延长退火时间到 30s，晶化已经完成，晶粒彼此碰撞。继续延长退火时间，晶粒长大，晶粒内部的马氏体呈现出典型的单变体特征，内部孪晶主要为(001)复合孪晶与(111) I 型孪晶，这与普通热处理 $Ti_{50}Ni_{25}Cu_{25}$ 合金中的马氏体形貌一致[51]。

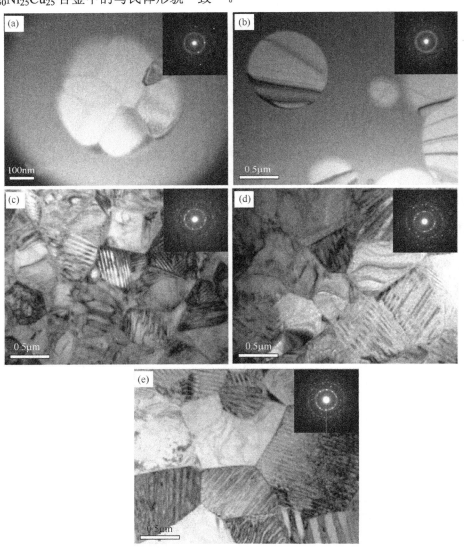

图 3-17　快速退火处理不同时间的 $Ti_{50}Ni_{25}Cu_{25}$ 合金薄带的显微组织
(a)10s, (b)(c)20s, (d)30s 与(e)60s。退火温度为 400℃

图 3-16 与图 3-17 的结果表明, 利用快速退火在 400℃ 处理 30s 即可获得完全晶化的 $Ti_{50}Ni_{25}Cu_{25}$ 合金薄带。Rösner 等[52]曾使用普通退火处理, 在 410℃ 获得了完全晶化的合金薄带, 但是需要至少 24h。在此过程中, B11 结构的 TiCu 相将形成并影响薄带的马氏体相变与形状恢复特性。然而在 400℃ 快速退火处理 30s 的合金薄带中, 由于退火温度低、时间短, 并未观察到 B11 结构的 TiCu 析出相。上述比较表明, 与普通退火处理相比较, 快速退火具有温度低、时间短、易控制等优势。

为理解快速退火处理的晶化机制, 有必要了解 $Ti_{50}Ni_{25}Cu_{25}$ 合金薄带的晶化路径。图 3-16 的结果表明, 晶化过程中并没有中间相变。制备态薄膜通常包含大量缺陷, 如自由体积和短程有序团簇。退火过程中结构弛豫经常发生, 导致自由体积湮灭, 薄膜由亚稳态转变为能量更低的状态。图 3-18 再次给出了加热速率为 10℃/min 时, 制备态 $Ti_{50}Ni_{25}Cu_{25}$ 合金薄带的 DSC 曲线[45]。将图中箭头所指位置放大后, 可发现在晶化峰前, 出现了一较宽的放热峰。此放热峰对应结构弛豫过程。因此, 薄带的晶化路径为非晶→结构弛豫→晶化相。

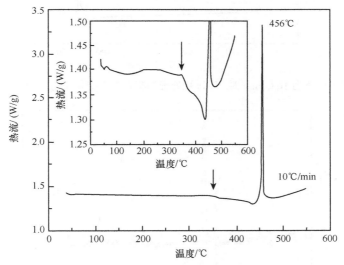

图 3-18　在加热速率为 10℃/min 时, 制备态 $Ti_{50}Ni_{25}Cu_{25}$ 合金薄带的 DSC 曲线

为搞清自由体积湮灭对晶化的影响, 将一制备态薄带试样以 10℃/min 的速率加热至 400℃ 并保温 15min。X 射线衍射结果表明, 经此处理后薄带仍处于非晶状态。将此预处理试样进行 DSC 测试, 结果如图 3-19 所示[45]。可见, 与结构弛豫对应的放热峰已经消失。此时的晶化峰值温度与未经处理试样的数值相同, 表明结构弛豫对于普通热处理处理合金薄带的晶化行为并无显著影响。将预处理试样与未经处理的制备态薄带同样在 400℃ 快速退火处理 30s, 两者的 X 射线衍射结果如

图 3-20 所示[45]。可见，经过预处理的制备态薄带并未完全晶化，X 射线衍射谱中仍出现与非晶相对应的漫散峰。上述结果表明，结构弛豫后，合金薄带的晶化过程变得更加困难。从另一个角度讲，这也意味着快速退火过程中，结构弛豫在一定程度上为晶化转变提供了驱动力。显然上述假说仍需要更多验证，然而，由于非晶薄带的状态与其制备工艺密切相关，目前大部分文献报道中并未给出统一的参数[53]，如冷却速率，这为全面验证上述假说造成了一定困难。

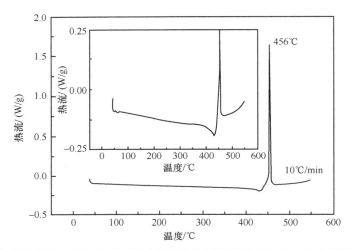

图 3-19　在加热速率为 10℃/min 时，经过预处理的制备态 $Ti_{50}Ni_{25}Cu_{25}$ 合金薄带的 DSC 曲线

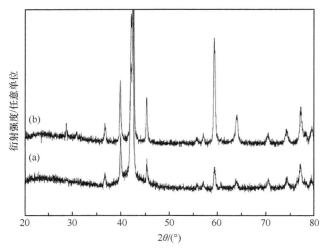

图 3-20　不同处理 $Ti_{50}Ni_{25}Cu_{25}$ 合金薄带的 X 射线衍射谱

(a)制备态薄带首先在 400℃普通退火处理 15min，之后在 400℃快速退火处理 30s；

(b)制备态薄带在 400℃快速退火处理 30s

3.3.2　第二相析出行为

根据 TiNi-TiCu 伪二元相图，$Ti_{50}Ni_{25}Cu_{25}$ 合金薄带在退火过程中可能析出 TiCu 相。图 3-21 给出了 B11 结构的 TiCu 相析出与快速退火温度与时间的关系[45, 54]。当

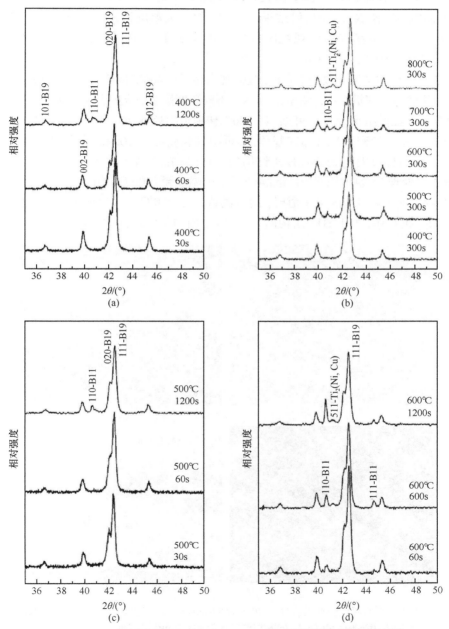

图 3-21　不同快速退火处理后 $Ti_{50}Ni_{25}Cu_{25}$ 合金薄带的 X 射线衍射谱

在 400℃退火处理不超过 900s, 或在 500℃不超过 60s, 合金薄带中无任何析出相形成(图 3-21(a)、(b)、(c))。当在 400℃退火处理 1200s, 或在 500℃退火处理 300s, B11 结构的 TiCu 析出相出现。如果退火温度升高至 600℃, 保温 600s 后, Ti$_2$(Ni, Cu)相出现(图 3-21(d))。当在 800℃退火处理 300s, B11 结构的 TiCu 相消失, Ti$_2$(Ni, Cu)相仍存在。归纳 X 射线衍射结果可发现, 随退火温度升高或时间延长, 室温下 Ti$_{50}$Ni$_{25}$Cu$_{25}$ 合金薄带的微观组织按如下顺序演变: B19→B19+B11→B19+B11+Ti$_2$(Ni, Cu)→B19+Ti$_2$(Ni, Cu)。

与图 3-21 中结果一致, 透射电子显微观察显示经 400℃快速退火处理 300s 的合金薄带中不含有任何析出相。图 3-22 所示为不同温度快速退火处理 300s 后 Ti$_{50}$Ni$_{25}$Cu$_{25}$ 合金薄带的显微组织[45, 54]。可见, 经 500℃快速退火处理 300s 后, 大量 B11 结构的 TiCu 析出相均匀密集地分布在基体上。析出相长度约为 10nm, 当退火温度升高至 600℃, 析出相长大至 25nm。B11 结构的 TiCu 与 B19 马氏体之间的晶体学关系与普通退火处理合金中相同[55]。继续升高退火温度至 700℃, 相应地析出相长大至约 60nm。同样采用选区电子衍射技术, 确认了经 800℃退火处理 300s 合金中析出相为 Ti$_2$(Ni, Cu)。由于 B11 结构的 TiCu 析出相与基体之间的共格关系, 析出相周

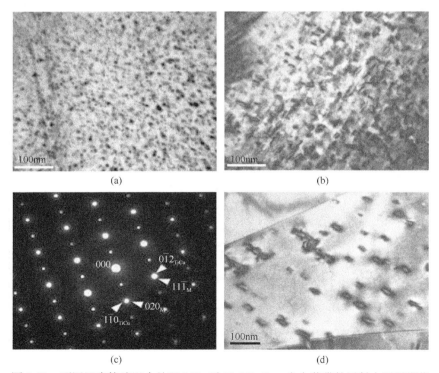

图 3-22　不同温度快速退火处理 300s 后 Ti$_{50}$Ni$_{25}$Cu$_{25}$ 合金薄带的透射电子显微像

(a)500℃, (b)600℃, (d)700℃。(c)图中选区电子衍射取自(b)图, 入射电子束平行于[101]$_{B19}$

围表现出较强的应力场。这也致使很难从透射电子显微像中确定析出相含量。图 3-23 所示为退火温度对 Ti$_{50}$Ni$_{25}$Cu$_{25}$ 合金薄带中析出相含量的影响[45, 54]，析出相含量采用 Rietveld 精修手段获得。可见，随退火温度自 500℃ 升高至 600℃，B11 结构的 TiCu 相含量自 2% 增大至 11%；继续升高退火温度到 800℃，B11 结构的 TiCu 相含量逐渐降低，而 Ti$_2$(Ni, Cu) 相含量增加至 11.2%。上述结果表明，快速退火处理可以精确控制薄带中析出相的含量，这为准确调控合金性能提供了基础。

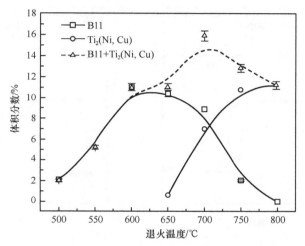

图 3-23　快速退火处理温度对析出相含量的影响
时间为 300s

3.3.3　形状恢复特性

图 3-24 给出了不同温度快速退火处理 300s 后 Ti$_{50}$Ni$_{25}$Cu$_{25}$ 合金薄带的应变-温度曲线，外加应力为 30MPa[45, 54]，其中 ΔT 为相变滞后。可见，薄带在此情况下发生完全的形状恢复。经 400℃ 退火处理的薄带表现出最大的相变应变。当外加应力为 150MPa 时，除 800℃ 退火处理薄带外，其余试样均表现出完全形状恢复。此时，经 400℃ 退火处理薄带的相变应变约为 2.5%，略高于两步退火法处理 Ti$_{50}$Ni$_{30}$Cu$_{20}$ 合金薄带(外加应力为 200MPa，相变应变约为 2.1%)[43]。根据不同外加应力下薄带的应变-温度曲线，可确定相变温度与滞后、临界滑移应力等。图 3-25 所示为退火温度对薄带临界滑移应力的影响[45, 54]。随退火温度自 400℃ 升高至 500℃，薄带的临界滑移应力增加；之后随退火温度升高，临界滑移应力持续下降。这主要与 B11 TiCu 相对基体的强化有关。经 800℃ 退火的试样表现出最低的临界滑移应力，表明 Ti$_2$(Ni, Cu) 相并不能有效强化基体。

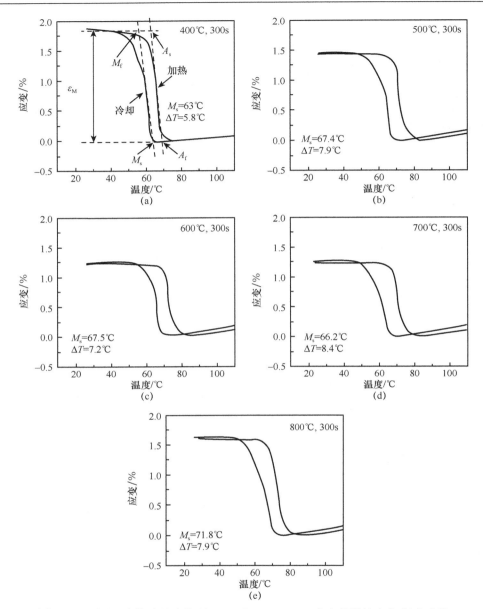

图 3-24　不同温度快速退火处理 300s 后 Ti$_{50}$Ni$_{25}$Cu$_{25}$ 合金薄带的应变-温度曲线

外加应力为 30MPa, (a)400℃, (b)500℃, (c)600℃, (d)700℃ 与 (e)800℃

图 3-26 所示为不同温度退火处理 Ti$_{50}$Ni$_{25}$Cu$_{25}$ 合金薄带的恢复应变与外加应力之间的关系[45, 54]。可见，除 500℃退火处理薄带外，其余薄带的恢复应变均随外加应力增加而先增大后下降。恢复应变的下降主要是因为增大的外加应力使薄带发生塑性变形，并且塑性应变随外加应力的增大而增大。根据图 3-26 可确定薄带的最大

可恢复应变(ε_R^{max})。图 3-27 给出了退火温度对薄带最大可恢复应变的影响[45, 54]。随退火温度升高，最大可恢复应变首先增大，经 500℃退火处理薄带表现出最大的数值。随退火温度继续升高，最大可恢复应变迅速下降，然后略有升高。这主要与薄带中析出相的类型、数量等有关系。

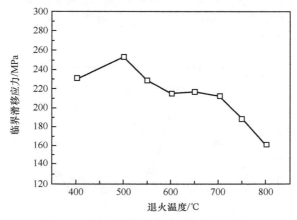

图 3-25　退火温度对临界滑移应力的影响

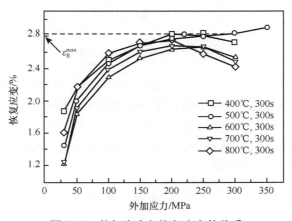

图 3-26　外加应力与恢复应变的关系

需要说明的是，由于退火时间比较短，薄带中并没有形成织构。通过分析基体成分变化、析出相含量与恢复应变之间的关系，可发现析出相主要通过以下三种途径影响合金的形状记忆效应[54]：母相与马氏体相的晶格常数；参与相变的体积分数；马氏体变体的形成与长大。在 $Ti_{50}Ni_{25}Cu_{25}$ 薄带中，主要是后两种方式起作用。当外加的约束应力比较小的时候，析出相主要通过强化基体，影响相变应变，从而影响可恢复应变。当约束应力比较大的时候，析出相主要通过影响参与马氏体相变的基体体积分数影响形状恢复应变。同时，析出相强化基体也会导致不可逆应变减小，增大可恢复应变。然而，当晶粒尺寸减小到数个纳米量级，此时合金中不发生相变的晶界含量急剧增大，上述分析可能并不适用。由此，归纳出形状恢复特性的优化准则：细小的析出相弥散分布在基体中，并且析出相的体积分数尽可能小。考虑织构对合金形状恢复特性的影响[55]，我们可以进一步归纳出改善 TiNiCu 薄带形状恢复特性的最佳途径[53]：在获得理想织构的同时，薄带中的析出相也要满足上述优化准则。

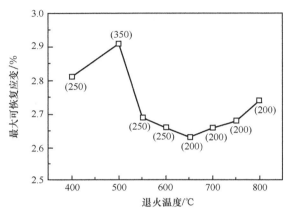

图 3-27　退火温度对最大可恢复应变的影响
括号中数字为对应的外加应力

快速退火处理同样影响 $Ti_{50}Ni_{25}Cu_{25}$ 合金薄带的双程形状记忆效应。Tong 等利用马氏体变形的方式在薄带中获得了双程形状记忆效应[56]。经 800℃退火处理 300s 后，薄带的双程形状恢复应变可达 1.25%。经过 10 次热循环，双程形状恢复应变仅下降 0.06%，并达到稳定状态，表明 $Ti_{50}Ni_{25}Cu_{25}$ 合金薄带的双程形状记忆效应具有优异的循环稳定性。

参　考　文　献

[1] Busch J D, Johnson A D, Lee C H, et al. Shape-memory properties in Ni-Ti sputter-deposited film. Journal of Applied Physics, 1990, 68(12): 6224-6228.

[2] Chen X Y, Lu Y F, Ren Z M, et al. Fabrication of TiNi shape memory alloy thin films by pulsed-laser deposition. Journal of Materials Research, 2002, 17(2): 279-283.

[3] Barborini E, Piseri P, Mutti S, et al. Synthesis of nanocrystalline TiNi thin films by cluster beam deposition. Nanostructured Materials, 1998, 10(6): 1023-1031.

[4] He J L, Won K W, Chang J T. TiNi thin films prepared by cathodic arc plasma ion plating. Thin Solid Films, 2000, 359(1): 46-54.

[5] Buschow K H J. Stability and electrical transport properties of amorphous $Ti_{1-x}Ni_x$ alloys. Journal of Physics F: Metal Physics, 1983, 13(3): 563-571.

[6] Ishida A, Sato M. Thickness effect on shape memory behavior of Ti-50.0at.%Ni thin film. Acta Materialia, 2003, 51(18): 5571-5578.

[7] Ramirez A G, Ni H, Lee H J. Crystallization of amorphous sputtered NiTi thin films. Materials Science and Engineering: A, 2006, 438-440(24): 703-709.

[8] Ishida A, Sato M. Microstructures of crystallized $Ti_{51.5}Ni_{48.5-x}Cu_x(x=23.4-37.3)$thin films. Intermetallics, 2011, 19(7): 900-907.

[9] Tong Y, Liu Y, Miao J, et al. Characterization of a nanocrystalline NiTiHf high temperature shape memory alloy thin film. Scripta Materialia, 2005, 52(10): 983-987.

[10] Lehnert T, Crevoiserat S, Gotthardt R. Transformation properties and microstructure of sputter-deposited Ni-Ti shape memory alloy thin films. Journal of Materials Science, 2002, 37(8): 1523-1533.

[11] Liu Y, Huang X. Substrate-induced stress and transformation characteristics of a deposited Ti-Ni-Cu thin film. Philosophical Magazine, 2004, 84(19): 1919-1936.

[12] Quandt E, Halene C, Holleck H, et al. Sputter deposition of TiNi, TiNiPd and TiPd films displaying the two-way shape-memory effect. Sensors and Actuators A: Physical, 1996, 53(1-3): 434-439.

[13] Miyazaki S, Ishida A. Martensitic transformation and shape memory behavior in sputter-deposited TiNi-base thin films. Materials Science and Engineering: A, 1999, 273-275(99): 106-133.

[14] Johnson A D. Deposition techniques for TiNi thin film//Miyazaki S, Fu Y Q, Huang W M. Thin Film Shape Memory Alloys: Fundamentals and Device Applications. Cambridge: Cambridge University Press, 2009: 88.

[15] Bendahan M, Seguin J L, Canet P, et al. NiTi shape memory alloy thin films: composition control using optical emission spectroscopy. Thin Solid Films, 1996, 283(1-2): 61-66.

[16] Huang X. Development and characterization of NiTi-based shape memory alloy thin films with special attention to the influencing factors [Ph.D thesis]. Singapore: Nanyang Technological University, 2004.

[17] Gisser K R C, Busch J D, Johnson A D, et al. Oriented nickel-titanium shape memory alloy films prepared by annealing during deposition. Applied Physics Letters, 1992, 61(14): 1632-1634.

[18] Ohta A, Bhansali S, Kishimoto I, et al. Novel fabrication technique of TiNi shape memory alloy film using separate Ti and Ni targets. Sensors and Actuators A: Physical, 2000, 86(3): 165-170.

[19] Ho K K, Mohanchandra K P, Carman G P. Examination of the sputtering profile of NiTi under target heating conditions. Thin Solid Films, 2002, 413(1-2): 1-7.

[20] Xie Z L, van Humbeeck J, Liu Y, et al. TEM study of $Ti_{50}Ni_{25}Cu_{25}$ melt spun ribbons. Scripta Materialia, 1997, 37(3): 363-371.

[21] Goryczka T, Ochin P. Microstructure, texture and shape memory effect in $Ni_{25}Ti_{50}Cu_{25}$ ribbons and strips. Materials Science and Engineering: A, 2006, 438-440(24): 714-718.

[22] Nam T H, Park S M, Kim T Y, et al. Microstructures and shape memory characteristics of Ti-25Ni-25Cu(at.%)alloy ribbons. Smart Materials and Structures, 2005, 14(5): S239.

[23] Kim Y W, Nam T H. The effect of the melt spinning processing parameters on the martensitic transformation in Ti_{50}-Ni_{35}-Cu_{15} shape memory alloys. Scripta Materialia, 2004, 51(7): 653-657.

[24] Santamarta R, Cesari E, Pons J, et al. Shape memory properties of Ni-Ti based melt-spun ribbons. Metallurgical and Materials Transactions A, 2004, 35(3): 761-770.

[25] Dalle F, Pasko A, Vermaut P, et al. Melt-spun ribbons of Ti-Hf-Ni-Re shape memory alloys: First investigations. Scripta Materialia, 2000, 43(4): 331-335.

[26] Cesari E, Ochin P, Portier R, et al. Structure and properties of Ti-Ni-Zr and Ti-Ni-Hf melt-spun ribbons. Materials Science and Engineering A, 1999, 273-275(99): 738-744.

[27] Vermaut P, Litynska L, Portier R, et al. The microstructure of melt spun Ti-Ni-Cu-Zr shape memory alloys. Materials Chemistry and Physics, 2003, 81(2-3): 380-382.

[28] Inoue A. Stabilization of metallic supercooled liquid and bulk amorphous alloys. Acta Materialia, 2000, 48(1): 279-306.

[29] 郑玉峰, Liu Y. 工程用镍钛合金.北京: 科学出版社, 2014.

[30] Kaur N, Kaur D. Grain refinement of NiTi shape memory alloy thin films by W addition. Materials Letters, 2013, 91(3): 202-205.

[31] Li K, Li Y, Yu K Y, et al. Crystal size induced reduction in thermal hysteresis of Ni-Ti-Nb shape memory thin films. Applied Physics Letters, 2016, 108(17): 171907.

[32] Callisti M, Tichelaar F D, Mellor B G, et al. Effects of Cu and of annealing temperature on the microstructural and mechanical properties of sputter deposited Ni-Ti thin films. Surface and Coatings Technology, 2013, 237: 261-268.

[33] Callisti M, Mellor B G, Polcar T. Microstructural investigation on the grain refinement occurring in Cu-doped Ni-Ti thin films. Scripta Materialia, 2014, 77(12): 52-55.

[34] Gao Z Y, Sato M, Ishida A. Microstructure and shape memory behavior of annealed $Ti_{44.5}Ni_{55.5-x}Cu_x$(x=15.3–32.8)thin films with low Ti content. Journal of Alloys and Compounds, 2015, 619: 389-395.

[35] Ishida A, Sato M, Gao Z. Effects of Ti content on microstructure and shape memory behavior of $Ti_xNi_{(84.5-x)}Cu_{15.5}$($x$= 44.6–55.4)thin films. Acta Materialia, 2014, 69(5): 292-300.

[36] Chen J Z, Wu S K. Crystallization temperature and activation energy of rf-sputtered near-equiatomic TiNi and $Ti_{50}Ni_{40}Cu_{10}$ thin films. Journal of Non-Crystalline Solids, 2001, 288(1-3): 159-165.

[37] Ishida A, Sato M. Shape memory behaviour of $Ti_{51.5}Ni_{(48.5-x)}Cu_x$($x$=23.4–37.3)thin films with submicron grain sizes. Intermetallics, 2011, 19(12): 1878-1886.

[38] Rösner H, Schloßmacher P, Shelyakov A V, et al. The influence of coherent ticu plate-like precipitates on the thermoelastic martensitic transformation in melt-spun $Ti_{50}Ni_{25}Cu_{25}$ shape memory alloys. Acta Materialia, 2001, 49(9): 1541-1548.

[39] Cesari E, Ochin P, Portier R, et al. Structure and properties of Ti-Ni-Zr and Ti-Ni-Hf melt-spun ribbons. Materials Science and Engineering: A, 1999, 273-275(99): 738-744.

[40] Vermaut P, Lityńska L, Portier R, et al. The microstructure of melt spun Ti-Ni-Cu-Zr shape memory alloys. Materials Chemistry and Physics, 2003, 81(2-3): 380-382.

[41] Resnina N, Belyaev S, Slesarenko V, et al. Influence of crystalline phase volume fraction on the two-way shape memory effect in amorphous-crystalline $Ti_{40.7}Hf_{9.5}Ni_{44.8}Cu_5$ alloy. Materials Science and Engineering A, 2015, 627: 65-71.

[42] Santamarta R, Schryvers D. Microstructure of a partially crystallised $Ti_{50}Ni_{25}Cu_{25}$melt-spun ribbon. Materials Transactions, 2003, 44(9): 1760-1767.

[43] Kim M S, Cho G B, Noh J P, et al. Grain refinement of a rapidly solidified Ti-30Ni-20Cu alloy by two-step annealing. Scripta Materialia, 2010, 63(10): 1001-1004.

[44] Shelyakov A V, Sitnikov N N, Menushenkov A P, et al. Nanostructured thin ribbons of a shape memory TiNiCu alloy. Thin Solid Films, 2011, 519(15): 5314-5317.

[45] Tong Y X. Processing and characterization of NiTi-based shape memory alloy thin films[Ph.D thesis]. Singapore: Nanyang Technological University, 2008.

[46] Ivasishin O M, Teliovich R V. Potential of rapid heat treatment of titanium alloys and steels.

Materials Science and Engineering: A, 1999, 263(2): 142-154.

[47] Tong Y, Liu Y, Xie Z. Characterization of a rapidly annealed $Ti_{50}Ni_{25}Cu_{25}$ melt-spun ribbon. Journal of Alloys and Compounds, 2008, 456(1): 170-177.

[48] Rösner H, Shelyakov A V, Glezer A M, et al. On the origin of the two-stage behavior of the martensitic transformation of $Ti_{50}Ni_{25}Cu_{25}$ shape memory melt-spun ribbons. Materials Science and Engineering: A, 2001, 307(1-2): 188-189.

[49] Tong Y, Liu Y. Crystallization behavior of a $Ti_{50}Ni_{25}Cu_{25}$ melt-spun ribbon. Journal of Alloys and Compounds, 2008, 449(s1-2): 152-155.

[50] Kissinger H E. Reaction kinetics in differential thermal analysis. Analytical Chemistry, 1957, 29(11): 1702-1706.

[51] Cheng G P, Xie Z L, Liu Y. Transformation characteristics of annealed $Ti_{50}Ni_{25}Cu_{25}$ melt spun ribbon. Journal of Alloys and Compounds, 2006, 415(1-2): 182-187.

[52] Rösner H, Shelyakov A V, Glezer A M, et al. A study of an amorphous-crystalline structured Ti-25Ni-25Cu(at.%)shape memory alloy. Materials Science and Engineering: A, 1999, 273-275: 733-737.

[53] 佟运祥, 陈枫, 王本力, 等. TiNiCu 形状记忆合金薄带研究进展. 稀有金属材料与工程, 2010, 39(12): 2262-2266.

[54] Tong Y, Liu Y, Xie Z, et al. Effect of precipitation on the shape memory effect of $Ti_{50}Ni_{25}Cu_{25}$ melt-spun ribbon. Acta Materialia, 2008, 56(8): 1721-1732.

[55] Xie Z L, Cheng G P, Liu Y. Microstructure and texture development in $Ti_{50}Ni_{25}Cu_{25}$ melt-spun ribbon. Acta Materialia, 2007, 55(1): 361-369.

[56] Tong Y, Liu Y. Effect of precipitation on two-way shape memory effect of melt-spun $Ti_{50}Ni_{25}Cu_{25}$ ribbon. Materials Chemistry and Physics, 2010, 120(1): 221-224.

第4章　高压扭转钛镍基形状记忆合金

高压扭转工艺可追溯到 1943 年, 美国学者 Bridgman 发表了题为 "On Torsion Combined with Compression" 的论文, 建立了高压扭转的基本原则[1]。20 世纪 80 年代苏联学者开始应用高压扭转在许多金属和合金中获得剧烈的塑性变形[2]。随后, Valiev 及其合作者发现高压扭转致使材料内部形成大角度晶界的均匀纳米结构, 从而表现出优异的性能[2]。此后在世界范围内掀起了利用高压扭转制备超细晶材料的热潮。2001 年, Valiev 等首次利用高压扭转制备了晶粒尺寸在 20～30nm 的纳米晶 TiNi 合金[3]。

高压扭转所产生的剧烈塑性变形在 TiNi 合金中形成了大量分布相对均匀的形核位置。在晶化过程中, 通过调整退火工艺即可方便地控制晶粒尺寸。这为研究纳米晶 TiNi 基合金的马氏体相变行为与形状记忆效应等提供了便利条件。晶粒纳米化也赋予了 TiNi 合金更加优异和丰富的性能, 如优异的抗辐照能力[4]。因此, 世界各国的研究者纷纷投入到对高压扭转 TiNi 基记忆合金的研究中, 研究内容涵盖非晶化机制及其影响因素、晶化行为、纳米晶中马氏体微观组织以及热诱发马氏体相变的尺寸效应等。

4.1　钛镍基合金的高压扭转工艺

图 4-1(a)所示为高压扭转工艺的示意图。变形过程中, 圆盘状试样置于压杆和模具之间并承受约数吉帕的压力, 下模转动过程中产生的表面摩擦力使试样出现切向形变, 材料在等静压力下进行形变, 其变形量远远大于常规金属材料成型工艺中的变形量, 而且最终试样仍基本保持完整[5]。图 4-1(b)所示为经高压扭转处理的 $Ti_{50}Ni_{50}$ 合金的宏观形貌。高压扭转以纯扭转变形为基础, 纯扭转变形在圆盘状试样某一位置处所产生的剪切应变 γ 可以通过式(4-1)计算[2, 6]。

$$\gamma = \frac{2\pi n}{t} r \tag{4-1}$$

其中, r 为该位置到转轴中心的径向距离; n 为扭转圈数; t 为试样的厚度。通常采用等效应变来比较扭转与其他变形方式所产生的变形量。剪切应变 γ 不同, 等效应变的计算公式也有所不同。当 $\gamma < 0.8$ 时, 根据 von Mises 屈服准则, 等效应变 ε_v 可以通过式(4-2)计算得到[2]:

$$\varepsilon_v = \frac{\gamma}{\sqrt{3}} \tag{4-2}$$

当 $\gamma \geqslant 0.8$ 时, 等效应变 ε_v 则根据式(4-3)计算得到[2]:

$$\varepsilon_v = \frac{2}{\sqrt{3}} \ln\left(\sqrt{1 + \frac{\gamma^2}{4}} + \frac{\gamma}{2}\right) \tag{4-3}$$

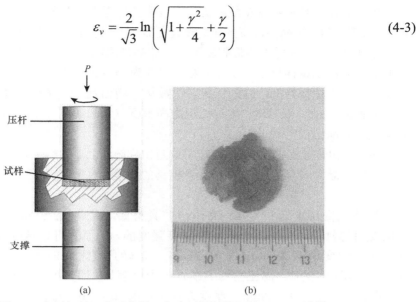

图 4-1　高压扭转工艺示意图(a)与高压扭转处理的 $Ti_{50}Ni_{50}$ 试样，
压力为 5GPa，扭转圈数为 5(b)

　　根据式(4-1)，试样某一位置处的应变正比于该位置到转轴中心的径向距离，这意味着整个圆盘状试样中的应变是不均匀的。然而，早期的研究表明，随应变增加至超过某一饱和值，试样的微观组织逐渐演化直到均匀为止[7]。因此，在大部分高压扭转样品中，除中心区域外的其余部分均表现出均匀的微观组织，这一点在图 4-2 中所给出的硬度测试结果得到验证[8]。

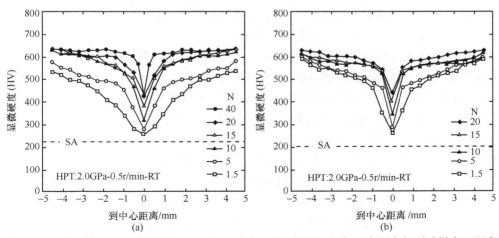

图 4-2　高压扭转处理不同圈数的 $Ti_{49.8}Ni_{50.2}$ 合金(a)与 $Ti_{50}Ni_{50}$ 合金(b)中硬度与到试样中心距离
之间的关系

影响高压扭转最终获得组织的因素包括变形温度、扭转圈数以及施加的压力等[9]。一般而言，提高塑性变形量、降低变形温度均有利于细化晶粒和形成非晶组织，而增加所施加的压力会抑制变形时的非晶形成能力。如式(4-1)所示，高压扭转的变形量取决于试样尺寸和扭转圈数。尺寸为 ϕ 3mm×0.2mm 的 TiNi 合金试样在室温下，压力为 4GPa，随高压扭转次数从 1 增加到 15，试样边缘部分的变形量从 3.8 增加到 6.6。相应地，微观组织由高密度位错和孪晶亚结构演变为纳米晶继而演变为非晶结构[9]。

为防止扭转过程中试样的滑动，需要对试样施加至少是材料屈服应力 3 倍以上的压力[6]。最大的可施加压力取决于模具的硬度，对于工具钢而言，最大压力是8GPa。

与其他变形工艺相比较，高压扭转具有如下优势[6]：①可实现高应变，并且应变可连续变化；②适合于较脆和高强度的材料；③可以精确控制应变速率；④易于控制变形温度；⑤易于测量扭矩与旋转角度之间的关系；⑥易于实现扭转方向的组合。然而，高压扭转的缺点也十分明显，即其所能处理的试样尺寸较小，直径一般为 10～20mm，厚度方向上仅有 0.2～0.5mm，目前较为先进的高压扭转技术也只能获得 1mm 厚的试样[10]。上述不足极大地制约了其应用。

4.2 高压扭转钛镍基合金的微观组织

4.2.1 高压扭转诱发非晶化

高压扭转后，TiNi 基合金中呈现以非晶和纳米晶为主的显微组织，例如，$Ti_{50.3}Ni_{49.7}$ 合金在室温下经过对数变形量 e=7.3 的变形后，几乎完全转变为非晶，残留纳米晶的体积分数已不到 1%[11]。上述显微组织的形成受合金状态和扭转工艺参数的控制，前者包括试样尺寸、成分(相状态)等，后者包括扭转温度、压力、圈数等。图 4-3 比较了高压扭转后，不同成分 TiNi 基合金的显微组织[9]。室温下，$Ti_{50}Ni_{50}$ 合金在室温下为马氏体相，$Ti_{50}Ni_{47}Fe_3$ 合金为稳定的母相。可见，当压力为 4GPa 时，$Ti_{50}Ni_{50}$ 合金的显微组织以非晶基体为主，同时含有少量尺寸在 5～20nm 的晶粒。对于 $Ti_{50}Ni_{47}Fe_3$ 合金而言，扭转后合金的显微组织以纳米晶为主，仅表现出非晶化的迹象，如图 4-3(b)所示。即使经过 15 圈高压扭转，$Ti_{50}Ni_{50}$ 合金已经全部转变为非晶，而 $Ti_{50}Ni_{47}Fe_3$ 合金中仍包含大量纳米晶。更全面的研究表明，成分对 TiNi 基合金非晶化能力的影响取决于马氏体相变温度(M_s)与扭转温度之间的差。对于 $Ti_{50}Ni_{50}$ 合金、$Ti_{49.3}Ni_{50.7}$ 合金以及 $Ti_{50}Ni_{47}Fe_3$ 合金而言，它们的马氏体相变温度依次降低，在室温下分别呈现稳定的马氏体、亚稳的母相(扭转温度略高于 M_s 温度)以及稳定的母相状态(扭转温度远高于 M_s 温度)，它们的非晶化能力则表现出相反的趋势。这与冷轧诱发 TiNi 合金非晶化中研究一致[12]。上述影响可能与晶格结构的不完整有关，马氏体中包含大量的孪晶界等缺陷，可能促进非晶形成。

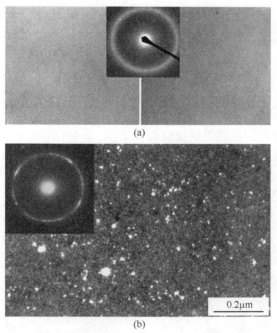

图 4-3　高压扭转 $Ti_{50}Ni_{50}$ 与 $Ti_{50}Ni_{47}Fe_3$ 合金的透射电子显微像

(a)$Ti_{50}Ni_{50}$ 合金，左图为明场像，右图为暗场像与(b)$Ti_{50}Ni_{47}Fe_3$ 合金的暗场像。
挤压工艺参数如下：压力为 4GPa，室温，圈数为 5

依据图 4-3 的结果也可以推测出扭转温度对 TiNi 基合金非晶化能力的影响，即降低扭转温度有助于非晶形成，而提高扭转温度的效果则相反。前者在 $Ti_{50}Ni_{47}Fe_3$ 合金中得到验证，将扭转温度降低到 $-196℃$，而压力仍保持在 4GPa，圈数仍为 5，即可得到大部分为非晶的组织[9]。随扭转温度自 200℃ 增加到 400℃，$Ti_{49.3}Ni_{50.7}$ 合金的显微组织特征由非晶与纳米晶混合物转变为纳米晶[9]。纳米晶数量与尺寸均随扭转温度升高而增大，如表 4-1 所示[9]。可见，获得纳米晶的高压扭转温度存在一上限：对于 $Ti_{51.5}Ni_{48.5}$ 与 $Ti_{50}Ni_{50}$ 合金而言，此数值约为 300℃；对于 $Ti_{49.3}Ni_{50.7}$ 合金来说，此数值约为 400℃。提高扭转温度的影响可以从以下三个方面理解：①降低了塑性变形抗力；②相对于 M_s 温度，扭转温度向高温移动；③原子扩散增强。

表 4-1　TiNi 基合金中纳米晶的尺寸与扭转温度之间的关系

扭转温度/℃	晶粒尺寸/nm			
	$Ti_{51.5}Ni_{48.5}$	$Ti_{50}Ni_{50}$	$Ti_{49.3}Ni_{50.7}$	$Ti_{50}Ni_{47}Fe_3$
200	—	5~40	5~30	5~30
250	—	—	5~40	5~40

扭转温度/℃	晶粒尺寸/nm			
	$Ti_{51.5}Ni_{48.5}$	$Ti_{50}Ni_{50}$	$Ti_{49.3}Ni_{50.7}$	$Ti_{50}Ni_{47}Fe_3$
270	5～30	—	—	—
300	—	—	8～50	—
350	30～150	—	10～60	10～80
400	—	—	20～80	—

　　扭转压力对合金的显微组织也有显著影响。图 4-4 所示为 $Ti_{50}Ni_{50}$ 合金在 8GPa 压力下获得的显微组织[9]。与图 4-3(a) 相比较，增加压力到 8GPa，抑制了非晶的形成，此时合金中非晶的体积分数降低，而纳米晶的比例增加。扭转圈数对合金显微组织的影响之一是随扭转圈数增加，合金的显微组织逐渐变得均匀，但是受变形方式的制约，高压扭转很难获得完全均匀的显微组织。

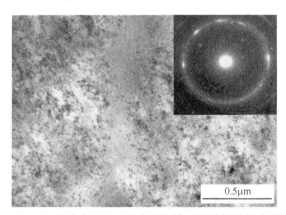

0.5μm

图 4-4　$Ti_{50}Ni_{50}$ 合金在 8GPa 压力下扭转 5 圈后的透射电子显微像

　　高压扭转过程中，随应变增加，TiNi 基合金的显微组织按如下顺序演化[9]：应变诱发位错(孪晶)亚结构→晶粒破碎形成超细晶结构→晶粒尺寸减小并形成纳米晶结构→形成非晶组织。随应变增加，纳米晶尺寸与体积分数减少，直至全部形成非晶[9, 11]。对于非晶化机制的讨论主要集中在纳米晶结构如何转变为非晶组织。

　　TiNi 基合金的非晶化可以通过其他塑性变形工艺实现，包括机械球磨[12]、冷轧与冷拔[13, 14]等。早期研究认为，塑性变形导致 TiNi 基合金非晶化主要与变形过程中引入的位错有关[15]。较高的位错密度可能导致晶体的自由能超过非晶相。Koike 等[16]曾估计冷轧导致 TiNi 合金非晶化的临界位错密度约为 $10^{13}～10^{14}cm^{-2}$。HRTEM 观察表明，在压力为 5GPa、真实应变为 7 时，高压扭转诱发 $Ti_{49.4}Ni_{50.6}$ 合金的非晶化发生在晶粒内部和晶界处，并且开始于位错芯区域[17]。此时的位错密度约为 $10^{13}～10^{14}cm^{-2}$，对应的弹性能为 2kJ/mol，低于 TiNi 合金晶化时的相变潜热(3.03～3.55kJ/mol)。因此，仅有位错所提供的能量并不足以使合金全部非晶化, 这也解释了为什么非晶化可以发生在晶粒内部。合金非晶化前的晶粒尺寸约为 10nm, 据此计算可知晶界能约为 2.2kJ/mol。这意味着晶界和位错均对 TiNi 基合金的非晶化有重要贡献。

高压扭转试样的厚度一般小于 1mm, 这造成绝大部分透射电子显微研究只针对合金的平面。由于试样中纳米晶粒彼此重叠, 致使透射电子显微观察中很容易将莫尔条纹与晶格形变混淆, 妨碍正确理解 TiNi 基合金的非晶化机制[18]。图 4-5 给出了高压扭转试样的示意图[19]。将 $Ti_{50.1}Ni_{49.9}$ 合金在室温、4GPa 压力下扭转 12 圈, 分别对平面与径向切面进行透射电子显微观察。图 4-6(a)和(b)分别给出了平面与径向切面的暗场像[19]。当对平面进行透射电子显微观察时, 纳米晶彼此重叠, 形成较强的衬度变化, 很难观察到清晰的晶界和非晶带, 如图 4-6(a)所示。选区电子衍射结果确认试样中包含大量非晶。如果对径向切面进行观察, 则可以给出更明确的显微组织信息, 如图 4-6(b)所示。可见, 纳米晶与非晶带之间的界限清晰。与非晶带相比, 多数纳米晶显示出较暗的衬度, 部分纳米晶被拉长。

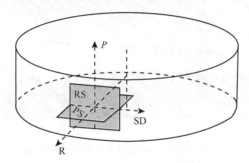

图 4-5　高压扭转试样的示意图

其中 P 表示扭转压力, SD 表示剪切方向, PS 表示平面, RS 表示径向切面

图 4-6(b)表明高压扭转试样中包含两种不同类型的非晶带[19]。第一种非晶带尺寸细小, 平均宽度约为 18nm, 呈网状分布, 并且与剪切方向成一定角度, 非晶带之间被拉长的纳米晶分割开来, 如图中 A 区域所示。这种非晶带被称为初生非晶带。第二种为次生非晶带, 这种非晶带尺寸较大, 介于 20~300nm 之间; 与剪切方向平行, 并且其中包含一定数量呈透镜片状的纳米晶, 如图中 B 区域所示。图 4-6(c)为图 4-6(b)所示显微组织的示意图[19]。初生非晶带的形成与纳米晶晶界处的非晶化有关, 这与其他文献报道[17]的观点一致。次生非晶带与初生非晶带和纳米晶彼此交叉碰撞, 形成非晶与纳米晶的层状结构。随高压扭转过程进行, 持续形成的剪切带部分重叠在一起, 形成更厚的非晶带。透镜状纳米晶残留下来, 在后续的晶化处理中长大。一旦较厚的次生非晶带形成, 高压扭转所施加的剪切力促使非晶带的塑性变形, 导致形成几乎完全非晶化的次生带。

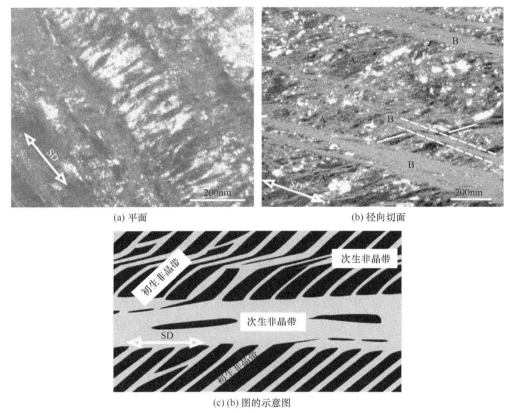

(a) 平面　　　　　　　　　　　　　　　　(b) 径向切面

(c) (b) 图的示意图

图 4-6　高压扭转 $Ti_{50.1}Ni_{49.9}$ 合金的透射电子显微暗场像

4.2.2　晶化行为

　　高压扭转 TiNi 基合金通常为非晶或非晶与纳米晶的混合组织，需要经过晶化处理才可能获得形状记忆效应。研究高压扭转合金的晶化行为对于控制其微观组织，如预测晶粒尺寸，从而优化其性能至关重要。非晶 TiNi 基合金在晶化过程中不发生成分改变，属于多晶型转变。高压扭转处理后，合金中缺陷密度急剧增加，导致晶化转变的热力学与动力学均发生显著变化。例如，对 5GPa 扭转处理的 $Ti_{49.4}Ni_{50.6}$ 合金(真实应变为7)而言，尽管 DSC 测定的晶化温度超过200℃，但是其在室温放置 2 周后约 20%的体积转变为纳米晶[20]。

　　晶化反应是一级相变，通常包括形核和长大两个过程。从这个角度讲，获得纳米晶需要满足两个必要条件，即高形核率和低长大速率。高压扭转导致 TiNi 基合金呈现以残余纳米晶粒和高密度缺陷为主要特征的显微组织，这些缺陷和残留纳米晶粒的作用可以概括为以下三点：①提供形核位置[11, 21]；②残留的纳米晶粒可继续长大[21]；③降低晶化温度[11, 21]，从而降低长大速率。下面将具体阐述高压扭转 TiNi 合金的晶化行为。

图 4-7 所示为高压扭转非晶 $Ti_{50}Ni_{50}$ 合金在不同加热速率下的 DSC 曲线[21]。$Ti_{50}Ni_{50}$ 合金在室温下、6GPa 压力下扭转 10 圈，应变约为 1300。加热过程中，DSC 曲线上出现对应于晶化转变的一步放热相变峰。随加热速率增加，晶化开始温度 (T_x) 与峰值温度(T_p)均增加。利用 Kissinger 公式(3-2)计算得到晶化激活能为 $259\pm32kJ/mol$。峰值温度与激活能是衡量非晶合金热稳定性的重要指标，表 4-2 比较了不同制备方法获得的非晶 TiNi 基合金的峰值温度与激活能[21]。可见，与磁控溅射和甩带法制备的非晶 TiNi 基合金相比较，利用高压扭转和冷轧方法制备的非晶 TiNi 合金的热稳定性较弱，但是仅有这两种方法适合制备纳米晶块体合金。

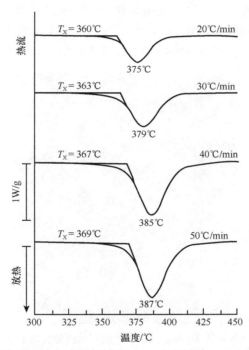

图 4-7　不同加热速率下高压扭转 $Ti_{50}Ni_{50}$ 合金(应变～1300)的 DSC 曲线

表 4-2　不同制备工艺获得的非晶 TiNi 合金的晶化峰值温度、激活能

工艺	峰值温度/℃	激活能/(kJ/mol)	晶粒尺寸	参考文献
高压扭转 TiNi	379	259	纳米级	[21]
冷轧 TiNi	373	262	纳米级	[15], [22], [23]
溅射 TiNi 薄膜	497～558	315～476	微米级	[24]～[27]
TiNi 薄带	522	430	微米级	[28]
$Ti_{50}Ni_{25}Cu_{25}$ 薄带	448～481	306～406	微米级	[28]～[30]

为理解高压扭转 TiNi 合金与非晶薄膜和薄带热稳定性的区别,利用高分辨透射电子显微镜观察了高压扭转后合金的显微组织,结果如图 4-8 所示[21]。经 6GPa下扭转 10 圈后,$Ti_{50}Ni_{50}$ 合金的晶体结构几乎被完全破坏,但是基体中仍残留有尺寸在 1～3nm、结构与合金的晶体结构类似的中程有序片段,如图 4-8 中圆圈所示。中程有序片段在基体中的分布相对均匀,可以作为非均匀形核的位置,从而降低临界形核功,表现出较低的晶化温度与激活能。非晶薄膜或薄带中无此类片段提供形核位置,为典型的均匀形核,因此晶化温度和激活能均较高。这也能够进一步解释两类非晶材料晶化后晶粒尺寸之间的差异。高压扭转 TiNi 合金的晶化温度低,形核后晶粒长大速率慢。当加热温度为377℃时,平均长大速率约为0.011±0.002nm/s[21];而非晶薄膜晶化温度高,晶粒长大速率快,当加热温度为 490℃时(晶化温度为485℃),平均长大速率约为0.011μm/s[31]。此外,残留下来的还有分布不均匀的纳米晶,这些纳米晶的尺寸介于 5～20nm 之间,呈不均匀分布。

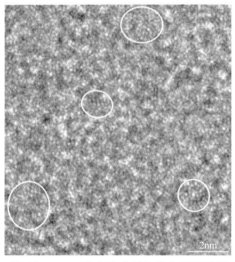

图 4-8　高压扭转 $Ti_{50}Ni_{50}$ 合金中非晶相的高分辨透射电子显微像

上述独特的显微组织导致后续的晶化过程呈现区域化的特点。图 4-9 所示为上述合金在原位加热前后的透射电镜明场像[21],其中 NC 表示残留在非晶基体中的纳米晶,A 表示非晶基体。比较加热前后的显微组织可以发现,晶化主要是通过残留纳米晶的长大来实现的。图 4-10 所示为另外一个区域的合金在原位加热前后的透射电子显微像[21],与图 4-9 的主要区别在于大部分的观察范围内残留的纳米晶数量较少。可见,在此区域,晶化通过形核、长大的方式进行,晶粒呈球形,如图 4-10(b)中箭头所示。继续加热,新形成的晶粒彼此碰撞,形成晶粒尺寸在 50～100nm 的纳米晶组织,而通过残留纳米晶长大的方式形成的纳米晶,晶粒尺寸较小,约为 5～60nm。

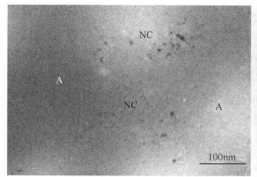

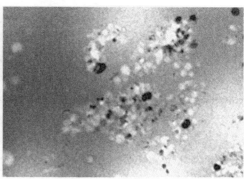

(a) 原位加热前明场像。NC表示纳米晶团簇，其镶嵌在非晶基体A上

(b) 在377℃原位加热1h后的明场像。晶化以预先存在纳米晶长大的形式发生

图 4-9　高压扭转 $Ti_{50}Ni_{50}$ 合金原位加热的透射电镜明场像

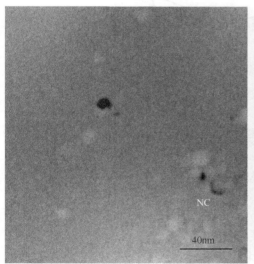

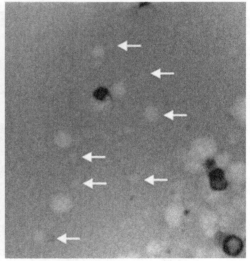

(a) 球状晶粒镶嵌在非晶基体中。NC表示纳米晶团簇

(b) 原位加热过程中新形成的晶粒。377℃原位加热51min

图 4-10　高压扭转 $Ti_{50}Ni_{50}$ 合金原位加热的透射电镜明场像

高压扭转可以加速非晶合金的晶化，有利于获得纳米晶合金。Valiev 等首先利用甩带法制备了 $Ti_{50}Ni_{25}Cu_{25}$ 薄带，然后利用高压扭转处理了薄带(温度为室温，压力为 5GPa，扭转圈数为 6~10)，比较了两者的晶化温度与晶化后的晶粒尺寸[32, 33]，发现处理后薄带的晶化峰变宽，并且温度降低了约 30~50℃；未经高压扭转处理的薄带晶化后的晶粒尺寸为微米级，而处理后薄带表现出纳米级晶粒。其内在机制可能是由于高压扭转导致薄带中形成了大量尺寸在 2~3nm 的晶粒，这些晶粒在后续的晶化处理中可以作为形核位置[33]。上述研究意味着通过高压扭转处理可以改变非晶合金的晶化行为，控制晶化动力学，进而在不易实现纳米化的合金中

获得纳米晶。

　　高压扭转不仅在 TiNi 合金中形成大量晶体缺陷, 也增加了合金的内应力, 进而导致合金在加热过程中出现不同的放热现象。图 4-11 所示为高压扭转 $Ti_{49.4}Ni_{50.6}$ 合金在连续加热时的 DSC 曲线[34, 35]。高压扭转后, 试样的显微组织以非晶为主, 同时包含大量尺寸在 5~15nm 的纳米晶。试样在加热过程中表现出两个放热峰, 第一个峰开始于约 373K, 第二个峰开始于 573K。需要说明的是, 这与图 4-7 的结果并不矛盾, 因为图 4-7 中的曲线的起始温度约为 573K。第一个峰是由于应力释放所导致的, 第二个峰对应于晶粒长大。前者的激活能约为 115kJ/mol, 后者的激活能约为 289kJ/mol。

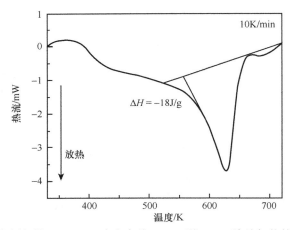

图 4-11　高压扭转 $Ti_{49.4}Ni_{50.6}$ 合金在从 323 K 到 723 K 连续加热的 DSC 曲线
加热速率为 10K/min

4.2.3　马氏体微观组织

　　通常认为, 粗晶 TiNi 合金中热诱发马氏体中亚结构以孪晶为主, 包括〈011〉Ⅱ型孪晶、{011} Ⅰ 型孪晶、{11$\bar{1}$} Ⅰ 型孪晶、{111} Ⅰ 型孪晶、(001)复合孪晶等[36]。根据晶体学表象理论, 马氏体相变过程中前三种孪晶可以作为点阵不变切变, 其中〈011〉Ⅱ型孪晶与{11$\bar{1}$} Ⅰ 型孪晶是常见的孪晶模式[37, 38]。其余的孪晶作为点阵不变切变则不存在晶体学表象理论上的解。大量透射电子显微观察表明[37, 39, 40], 〈011〉Ⅱ型孪晶与{11$\bar{1}$} Ⅰ 型孪晶片层的厚度约为 30~100nm。当晶粒尺寸减小到纳米量级后, 上述两种孪晶的尺寸与晶粒尺寸相当。此时, 晶界不可避免地限制自协作马氏体的形成, 从而改变纳米晶粒内部马氏体的亚结构。

　　如果纳米晶 TiNi 合金的晶粒尺寸小于 50nm, 则晶粒中观察不到马氏体的典型特征。图 4-12 所示为纳米晶 $Ti_{50.3}Ni_{49.7}$ 合金中马氏体的典型形貌[41]。其中图 4-12(a)中晶粒尺寸约为 50nm, 马氏体呈现单变体的特征; 图 4-12(b)中晶粒尺寸约为 100nm，交替排列的马氏体变体呈人字形特征。在粗晶合金中，仅在 $Ti_{50}Ni_{25}Cu_{25}$ 薄带中观察到 B19 马氏体呈单变体的特征[42, 43]。选区电子衍射结果表明，纳米晶 $Ti_{50.3}Ni_{49.7}$ 合金中马氏体变体内部与变体之间的晶体学关系均为(001)复合孪晶，如图 4-13 所示[11]。图 4-13 中拉长的衍射斑表明孪晶宽度非常小。孪晶的宽度可以通过高分辨透射电子显微像来估计，如图 4-14 所示[11]。(001)复合孪晶的最小宽度为四个 $(002)_{B19}$ 晶面间距，约为 0.9nm。更多的数据表明，纳米晶 TiNi 合金中孪晶宽度在数个纳米之间。

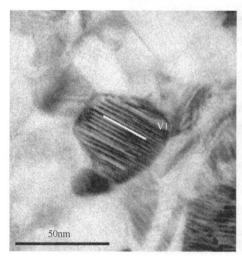

(a) 单变体

(b) 人字形变体，虚线表示变体间界面

图 4-12　$Ti_{50.3}Ni_{49.7}$ 纳米晶合金中马氏体的典型形貌

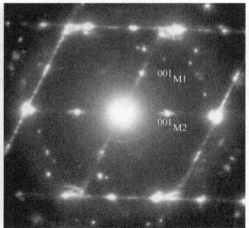

(a) 单变体中包含(001)复合孪晶

(b) 单个晶粒内部包含两个孪晶关系为(001)的马氏体变体 M1 和 M2。入射电子束方向为 $[\bar{1}10]_{M1,2}$

图 4-13　$Ti_{50.3}Ni_{49.7}$ 纳米晶合金中马氏体的选区电子衍射谱

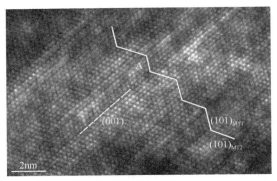

图4-14　纳米晶 $Ti_{50.3}Ni_{49.7}$ 合金中马氏体(001)复合孪晶的高分辨透射电子显微像

A 处附近(001)复合孪晶的宽度最小可达 4 个晶面间距(0.9 nm)。虚线表示(001)$_{MT1,2}$ 孪晶界面，
实线表示马氏体变体 MT1 与 MT2 的 {10$\bar{1}$} 面。入射电子束方向为[010]$_{MT1,2}$

早期研究表明，热诱发的(001)复合孪晶存在于时效态 $Ti_{49}Ni_{51}$ 合金[44]、富 Ti 的 TiNi 合金薄膜[45]或部分三元 TiNi 基合金，如 $Ti_{50}Ni_{50-x}Cu_x$(x=4%~8%，原子分数)合金[46]、$Ti_{50}Ni_{40}Au_{10}$ 合金[47]、$Ti_{36.5}Ni_{48.5}Hf_{15}$ 合金[48]以及 $Ti_{52-x}Ni_{48}Zr_x$(x=1%~20%，原子分数)合金[49]。(001)复合孪晶被认为是马氏体相变过程中弹性交互作用的产物[36]。(001)复合孪晶仅是上述合金马氏体中内部缺陷的一种，其他孪晶可以作为点阵不变切变。然而，迄今为止，纳米晶 TiNi 合金在热诱发马氏体相变过程中仅形成了(001)复合孪晶。这意味着在相变过程中(001)复合孪晶的形成补偿了从高对称性的 B2 母相转变到低对称性的 B19′马氏体相的相变应变。

根据马氏体相变经典理论，相变过程中母相与马氏体相之间的不变惯习面是必不可少的。在粗晶 TiNi 合金中，〈011〉Ⅱ型孪晶与{11$\bar{1}$}Ⅰ型孪晶在此惯习面处能量最小[50]。对于纳米晶 TiNi 合金而言，(001)复合孪晶并不能提供此惯习面，这意味着在纳米晶 TiNi 合金中，不变惯习面并不是不可或缺的。从马氏体相变热力学角度分析，晶粒尺寸减小会增加单位相变体积的表面应变能，导致马氏体内部孪晶尺寸减小。然而这会增大孪晶的界面能，反过来阻碍孪晶变细小[51]。Waitz 等利用基于密度泛函理论的第一性原理计算了纳米晶中(001)复合孪晶与粗晶中{11$\bar{1}$}Ⅰ型孪晶的界面能，发现前者约为 14mJ/m^2，远远小于后者(187mJ/m^2)[52]。图 4-15 为计算所用的(001)复合孪晶模型[52]。如此低的界面能有利于在纳米晶合金中形成原子尺度上的孪生。进一步考虑纳米晶合金中的界面能与应变能也可以获得类似的结论。

图 4-16(a)与(b)所示为纳米晶 $Ti_{50.3}Ni_{49.7}$ 合金中层片状孪晶的透射电子显微像[53]。合金中的晶粒尺寸约为 150nm。两种不同的孪晶变体形成层片状的显微组织，层片的平均厚度约为 20nm。在图 4-16(a)中，变体间界面平直，并且彼此平行；在图 4-16(b)中，变体间界面曲折，如图中虚线所示。变体间界面共格，并且纳米孪

晶具有相同的宽度, 意味着马氏体中变体是以相互协作的方式长大的。图 4-16(c)所示为图 4-16(a)中变体界面的高分辨透射电子显微像, 如图中箭头所示[53]。孪晶面 $(001)_{m1,1'}$ 与 $(001)_{m3,3'}$ 之间的夹角为 $125°±1°$。变体界面对应于 B2 母相的 $(110)_c$ 面, 由平行于 $(\bar{1}11)_{m1} \parallel (111)_{m3'}$ 与 $(111)_{m1'} \parallel (\bar{1}11)_{m3}$ 并且交替排列的段组成。图 4-16(d)所示为变体 $(1:1')$ 与 $(3:3')$ 之间的界面[53], 由分别近似平行于 $(001)_{m1,1'}$ 与 $(001)_{m3,3'}$ 并且交替排列的段组成。孪晶面 $(001)_{m1,1'}$ 与 $(001)_{m3,3'}$ 之间的夹角为 $115°±1°$。上述观察中, 仅在图 4-16(d)中观察到非常小的晶格应变, 并未观察到位错。

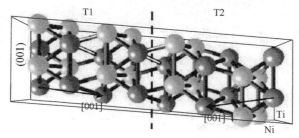

图 4-15　B19′马氏体中(001)复合孪晶的原子结构模型
浅色和深色的原子分别对应 Ni 和 Ti; 虚线表示孪晶 T1 和 T2 的界面

利用相变的几何非线性理论进一步分析(001)复合孪晶变体的不变界面、不变平面以及变体的协作程度, 结合图 4-16 的显微组织观察[53], 发现尽管单独的(001)复合孪晶作为点阵不变切变不存在晶体学表象理论上的解, 但是如果马氏体由两个复合孪晶组成, 则存在可能解, 表明(001)复合孪晶如果组成人字形形貌, 则惯习面可作为不变平面来补偿相变应变。对于呈现单变体形貌的马氏体来说, 上述解释不成立。在这方面, 可以考虑从原子尺度开展更深层次的研究工作。

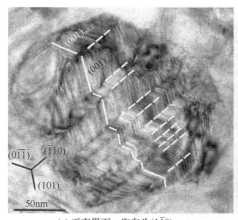

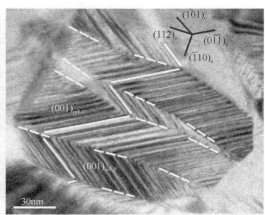

(a) 平直界面, 取向为 $(1\bar{1}0)_c$　　　　(b) 弯曲界面, 取向为 $(112)_c$

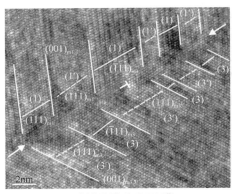 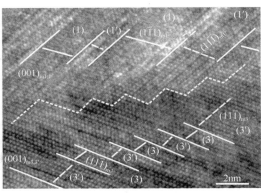

(c)(a) 图变体界面HRTEM像　　　　　　　(d)(b) 图变体界面HRTEM像

图 4-16　纳米晶 TiNi 合金中包含层片状孪晶的透射电镜明场像与孪晶变体界面的高分辨透射电子显微像

变体(1∶1′)与(3∶3′)的位向关系分别为 $(001)_{m1,1'} \equiv (011)_c$ 与 $(001)_{m3,3'} \equiv (101)_c$，其中 m 表示马氏体，c 表示母相。
实线表示(001)复合孪晶界，虚线表示变体结合面

图 4-12 的结果表明，晶粒尺寸显著影响纳米晶 TiNi 合金中马氏体的形貌特征。Waitz 等利用有限元模拟分析了不同形貌特征马氏体的相变势垒[41]。他们将三维的纳米晶粒简化为二维圆盘状进行有限元建模，如图 4-17 所示。其中 BCV 表示贝氏对应变体，模型共使用了 6 对 BCV，不同的阴影表示不同的变体。BCV1 与 BCV1′形成变体 V1，BCV3 与 BCV3′形成变体 V2。孪晶界与结合面均垂直于 $[11\bar{1}]_{B2}$。当前模型由三组马氏体变体组成，中间一组变体与相邻变体相交于一界面，它们之间的角度为 125°。Waitz 等利用上述模型计算了相变势垒与晶粒尺寸、中央变体的含量以及孪晶的相对宽度之间的关系，如图 4-18 所示[41]。当中央变体宽度(B)为 0 时，马氏体表现为单变体形貌。可见，当晶粒尺寸为 50nm 时，形

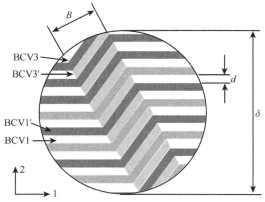

图 4-17　B19′马氏体中变体的人字形形貌模型

B 为中央孪晶变体的宽度，d 为孪晶宽度，δ 为晶粒尺寸

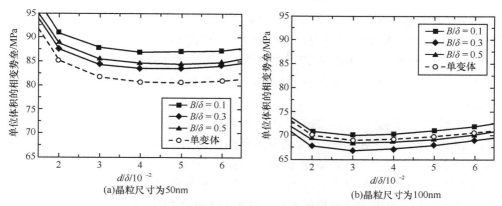

图 4-18　单位体积的相变势垒与相对孪晶宽度和中央变体含量以及晶粒尺寸之间的关系

成马氏体单变体所需要的能量最小; 当晶粒尺寸为 100nm 时, 马氏体形成中央变体含量为 0.3(B/δ=0.3)的人字形形貌所需要的能量最小。当晶粒尺寸小于 70nm 时, 形成单变体的相变势垒要小于形成人字形变体的数值。应变能密度的计算也表明, 当晶粒尺寸为 100nm 时, 人字形变体可以通过不同变体的自协作有效降低界面处的应变能集中。

4.2.4　富 Ni 合金的时效析出行为

正如第 1 章所述, Ti_3Ni_4 相是富 Ni 的 TiNi 合金中一类重要的析出相, 其不仅能够赋予材料丰富的相变行为, 而且能够强化基体, 改善材料的形状恢复特性[54-57]。因此, 其时效析出行为一直受到研究者的广泛关注。Ti_3Ni_4 相的析出行为受合金成分[54]、时效温度与时间[54, 55, 58]、时效气氛[59]、外加应力[60]等因素的影响。纳米晶 TiNi 合金中晶界所占比例大、内应力高, 上述特点显著地影响 Ti_3Ni_4 相的析出行为。

图 4-19 所示为经过不同时效处理的 $Ti_{49.3}Ni_{50.7}$ 合金的显微组织与相应的衍射谱[61]。粗晶 $Ti_{49.3}Ni_{50.7}$ 合金首先在 6GPa 压力下承受 7 转的高压扭转, 获得非晶组织, 然后在 400℃ 晶化处理 1h, 显微组织如图 4-19(a)所示。晶化处理后, $Ti_{49.3}Ni_{50.7}$ 合金的晶粒尺寸约为 20nm, 衍射谱中并未发现与 Ti_3Ni_4 相对应的衍射环(图 4-19(b))。将上述纳米晶 $Ti_{49.3}Ni_{50.7}$ 合金在 400℃ 分别时效处理 10h 和 100h, 显微组织如图 4-19(c)与(e)所示, 对应的晶粒尺寸分别为 30nm 和 70nm。电子衍射结果表明, 即使经过 100h 的时效, 合金中并未出现 Ti_3Ni_4 相。然而, 大量实验已经证实, 时效处理的粗晶合金中析出了大量的 Ti_3Ni_4 相[54, 55, 60, 61]。与粗晶合金相比较, 虽然利用等径角挤压制备的超细晶 $Ti_{49.3}Ni_{50.7}$ 合金在时效处理后析出了 Ti_3Ni_4 相, 但是析出相的尺寸显著减小[61]。

将上述高压扭转处理的 $Ti_{49.3}Ni_{50.7}$ 合金在 500℃ 晶化处理 1h, 获得晶粒尺寸约为 150nm 的试样, 然后将其在 400℃ 时效处理 1h, 显微组织如图 4-20 所示[61]。由图可见，试样的晶粒尺寸远大于图 4-19 中的试样。中央位置晶粒的尺寸约为250nm，其中可观察到少量呈现自适应形态的 Ti_3Ni_4 相，如箭头所指。这与外加应力条件下析出的 Ti_3Ni_4 相分布情况类似[60]，而周围尺寸较小的晶粒中则未发现任何析出相。上述结果清楚地表明，纳米晶粒对 Ti_3Ni_4 相的形核与长大有很强的抑制作用。

早期研究表明[59]，$Ti_{49.4}Ni_{50.6}$ 合金如果在有残留空气参与的条件下时效，Ti_3Ni_4 相的分布是不均匀的；如果将其置于两片纯 Ti 之间，阻止 Ti 或 Ni 的蒸发或 Ti 与 O 的反应，则可得到均匀分布的 Ti_3Ni_4 相。然而，当合金的晶粒尺寸减小到纳米量级内，将合金在空气中时效，Ti_3Ni_4 相的分布仍比较均匀[61]。这表明，时效气氛对纳米晶合金中 Ti_3Ni_4 相析出行为的影响并不占据主导地位。考虑纳米晶合

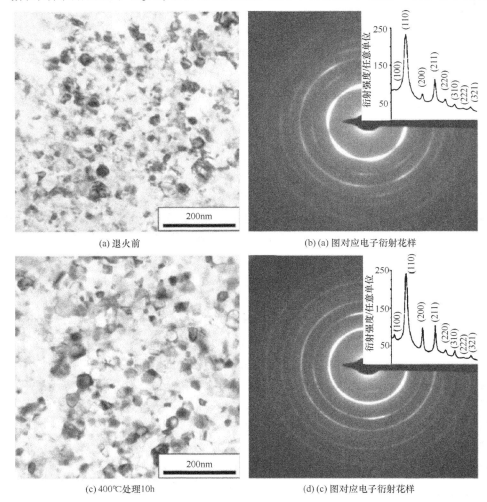

(a) 退火前　　　　　　　　　　　(b) (a) 图对应电子衍射花样

(c) 400℃处理10h　　　　　　　　(d) (c) 图对应电子衍射花样

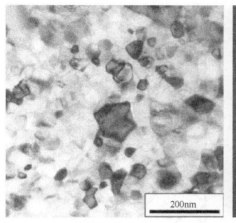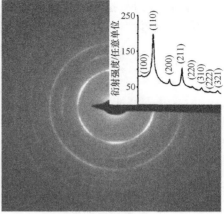

(e) 400℃处理100h　　　　　　　　　　(f) (e) 图对应电子衍射花样

图 4-19　高压扭转处理 $Ti_{49.3}Ni_{50.7}$ 合金退火前后的显微组织

插图为量化后的衍射环强度

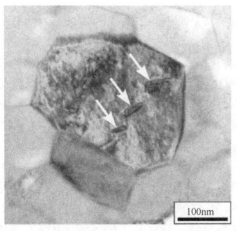

图 4-20　高压扭转处理 $Ti_{49.3}Ni_{50.7}$ 合金依次经 500℃晶化处理 1h,

400℃时效处理 1h 后的显微组织

箭头所指为 Ti_3Ni_4 相

金中 Ti_3Ni_4 相的分布与外加应力条件下的情况非常类似, Prokofiev 等[61]认为 Ti_3Ni_4 相析出对内应力非常敏感, 并且仅能发生在尺寸足以使颗粒呈自适应排列的晶粒中。Ti_3Ni_4 相与 B2 母相之间的共格关系, 决定了 Ti_3Ni_4 相在基体中以透镜片状形成。Ti_3Ni_4 相共有 4 个变体, 在各向同性情况下, 4 个变体分别在 4 个 $\{111\}_{B2}$ 面上形成。当在外加应力或内应力作用下时效时, 这 4 个变体在最适应局部应力的方向上择优形成, 即透镜厚度方向沿压应力而形成, 中心平面沿拉应力方向形成。图 4-21(a)所示为环绕 Ti_3Ni_4 相的 B2 母相基体中的应力状态[62]。当两个相邻 Ti_3Ni_4

颗粒周围的压应力与拉应力相互重叠时，可获得较小的总应力场，最终形成如图4-21(b)所示的类似"楼梯"状的自适应排列[61]。

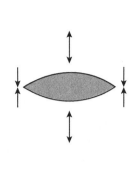 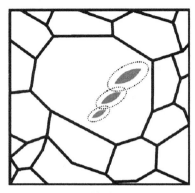

(a) 围绕Ti₃Ni₄颗粒的TiNi基体中的应力状态　　　　　　(b) Ti₃Ni₄颗粒的自适应排列

图 4-21　Ti₃Ni₄相析出过程中的应力补偿示意图

4.3　高压扭转钛镍基合金的热诱发马氏体相变行为

利用高压扭转可以获得几乎完全非晶的 TiNi 基合金，通过控制热处理工艺，可以获得晶粒尺寸在纳米量级的合金。此时的晶粒尺寸与粗晶合金中马氏体变体的宽度相当，从而导致热诱发马氏体相变温度和马氏体形貌均发生显著变化[11, 51, 53]。此种方式获得的纳米晶 TiNi 合金，晶粒内部无位错[11]，这使其成为评价热诱发马氏体相变尺寸效应的合适模型之一。

图 4-22 比较了粗晶与纳米晶 $Ti_{50.3}Ni_{49.7}$ 合金的 DSC 曲线[51]。首先 $Ti_{50.3}Ni_{49.7}$ 合金(CG)在压力为 6GPa 下进行 10 转的高压扭转处理，获得非晶合金；然后将其分别在 340℃热处理 5h 和 450℃热处理 5h，获得平均晶粒尺寸分别为 60nm(NC1) 与 160nm(NC2)的纳米晶合金。与粗晶 TiNi 合金相比较，纳米晶 TiNi 合金的热诱发马氏体相变行为表现出如下特点：①多种表征手段，包括透射电子显微镜的原位观察、电阻率-温度曲线与差热分析均确认冷却过程中马氏体发生 B2→R→B19′ 两步相变[51, 63-65]，随晶粒尺寸增大，B2→R 相变温度降低，而 R→B19′相变温度升高[64]；②马氏体相变受到抑制，表现为 M_s 温度下降和相变潜热减小[11, 51, 66]；③纳米量级的晶粒尺寸对 B2→R 相变的抑制作用弱于对 R→B19′相变的抑制[51]，冷却过程中出现 R 相的临界晶粒尺寸远小于出现 B19′相的临界数值，前者约为 15nm，后者约为 60nm[11]，这是因为前者的相变应变比较小[51]；④相变温度区间明显变宽。

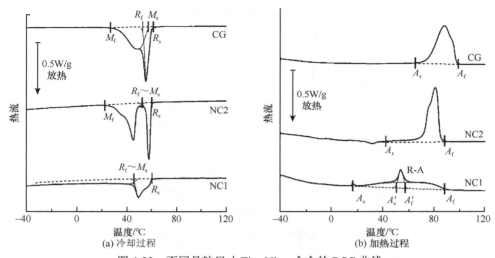

图 4-22　不同晶粒尺寸 $Ti_{50.3}Ni_{49.7}$ 合金的 DSC 曲线

CG 代表粗晶合金, NC1 代表平均晶粒尺寸为 60nm 的纳米晶合金, NC2 代表平均晶粒尺寸为 160nm 的纳米晶合金

早期研究表明, 马氏体相变中位错墙与位错塞积处均可以作为形核位置[37]。在粗晶 TiNi 合金中, 更有直接的实验观察表明, 马氏体相可以在位错缠结或近晶界的位错处形核[67]。然而, 由于晶粒尺寸限制, 纳米晶 TiNi 合金晶粒内部并未观察到位错[11]。因此, 可以认为纳米晶 TiNi 合金中马氏体相形核主要发生在晶界处[11]。当马氏体片在长大过程中遇到晶界阻碍而停止时, 为使相变继续进行, 马氏体片将对晶界施加应力来促使相邻晶粒内部处于有利取向的马氏体形核和长大。然而, 当晶粒尺寸小于 100nm 时, 马氏体片长大所产生的应力非常小[68]。此外, 从晶体学方面考虑, 不同晶粒内部的马氏体片之间并不存在孪晶关系, 导致 TiNi 合金中存在对马氏体片群自发形核的限制[37]。因此, 在纳米晶 TiNi 合金中通过自发形核传播马氏体相变的能力随晶粒尺寸的减小而变弱, 从而表现为马氏体相变受到抑制。

Waitz 等进一步利用有限元模拟的方法分析了纳米晶 TiNi 合金中相变能量势垒与晶粒尺寸之间的关系[69]。相变过程中的能量势垒主要包括体系总弹性能的增量、马氏体形成所导致的界面能和不可逆的摩擦阻力。建模过程中, 含有(001)复合孪晶马氏体的纳米晶粒被作为球形粒子。相变应变被分解为一剪切本征应变和一法向本征应变以计算晶粒尺寸、孪晶片层宽度和弹性性能与剪切应变能以及法向应变能之间的关系。计算发现, 剪切应力集中在晶界处, 引起应变能随球形粒子表面积的变化而变化, 法向应变诱发的应变能与化学自由能与温度之间的关系与球形粒子的体积有关[69]。图 4-23 所示为纳米晶粒尺寸对相变能量势垒的影响[69]。可见, 当晶粒尺寸小于 50nm 时, 相变能量势垒迅速增大。这意味着当晶粒尺寸小于 50nm 时, 马氏体相变非常困难。这与实验观察到的结果吻合较好[11]。

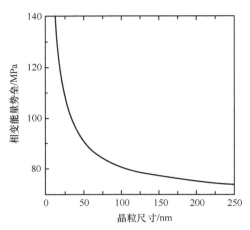

图 4-23　相变能量势垒与晶粒尺寸之间的关系

Waitz 等[66]将高压扭转处理的 $Ti_{50.3}Ni_{49.7}$ 合金在 340℃退火处理 5min, 获得了纳米晶粒镶嵌在非晶基体中的显微组织。原位透射电镜观察表明, 纳米晶粒中发生了 B2→R→B19′的两步马氏体相变。与完全的纳米晶合金, 即不含非晶基体的合金相比, 发生 R 相变与马氏体相变的临界晶粒的尺寸较大。这主要是因为纳米颗粒孤立在非晶基体中, 冷却时缺少相变的集合效应, 即缺少相邻晶粒中马氏体片长大所产生的应力对相变的促进作用, 所以相变能量势垒比较大。

高压扭转与退火处理工艺均会影响 TiNi 合金的马氏体相变行为。图 4-24 所示为高压扭转处理 $Ti_{49.8}Ni_{50.2}$ 合金在不同温度退火处理 1h 后晶粒尺寸与 DSC 曲线[70]。高压扭转处理的工艺参数如下: 室温; 压力为 5GPa; 转数为 10 转。由图 4-24(a)可见, 经过 773K 退火处理 1h 后, 合金的晶粒尺寸长大到约 220nm。由图 4-24(b)可见, 当退火温度为 573K 时, 试样在冷却和加热过程中并未表现出马氏体相变峰。当退火温度升高到 623K 和 673K 时, 试样在冷却过程中表现出 B2→R 的相变峰, 加热过程中表现出两个相变峰。冷却过程中 R→B19′相变峰可能是由于相变区间过于大或相变温度过于低而未能被 DSC 检测出。当退火温度升高到 723K 时, 试样在冷却和加热过程中均表现出两步马氏体相变及其逆相变。当退火温度升高到 773K 时, 试样在冷却过程中表现出两步马氏体相变, 而在加热过程中表现出一步的逆相变。上述试样的两步马氏体相变行为主要是由细小的晶粒所导致的。

高压扭转处理在 TiNi 基合金中所诱发的高密度缺陷和内应力可能导致合金的热诱发马氏体相变行为发生奇异的现象。例如, TiNi 合金中的热诱发马氏体相变通常被认为仅发生在变温条件下。将高压扭转处理(变形温度: 350 ℃; 变形压力: 4GPa; 扭转圈数: 10 圈)的 $Ti_{51.5}Ni_{48.5}$ 合金在室温放置 10 年, 通过比较变形态与放置 10 年后合金的显微组织, 发现晶粒尺寸无任何变化, 但是显微组织由母相转变为马氏体相, 即发生了等温马氏体相变[9]。具体的相变机制还需要进一步研究。

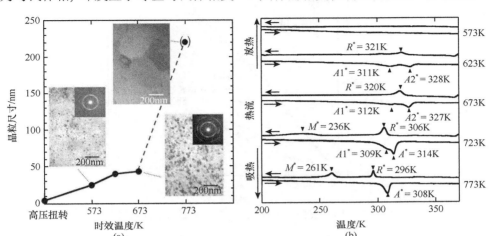

图 4-24　高压扭转处理 $Ti_{49.8}Ni_{50.2}$ 合金在不同温度退火处理 1h 后的晶粒尺寸(a)与 DSC 曲线(b)

4.4　高压扭转钛镍基合金的力学性能与形状恢复特性

根据 Hall-Petch 公式, 当 TiNi 基合金的晶粒尺寸减小至纳米量级, 其力学性能, 如屈服强度将得到极大提高, 从而改善形状恢复特性。相关研究工作主要集中在常规力学性能表征方面, 对与记忆合金密切相关的性能尚无系统的表征, 如克劳修斯-克拉珀龙方程中应力诱发马氏体相变临界应力与温度之间的关系, 以及最大可恢复应变与恢复应力等关键指标。这一方面是由于高压扭转制备的试样尺寸小, 另一方面也与高压扭转制备试样的稳定性有关。4.2.2 节已指出, 高压扭转处理 $Ti_{49.38}Ni_{50.62}$ 合金在室温放置 2 周后, 试样中约有 20%的非晶部分转变为纳米晶[20]。

图 4-25 所示为不同处理 $Ti_{49.38}Ni_{50.62}$ 合金的室温力学行为[20]。与初始态合金相比, 以非晶和细小纳米晶粒组成的高压扭转处理合金表现出较高的抗拉强度, 但是其延伸率非常小。经过 200℃处理 0.5h, 试样的延伸率达到 5%左右, 而抗拉强度提高到约 2650MPa。上述两种试样均未表现出与应力诱发马氏体相变对应的应力平台。这可能与以下几个因素有关: ①由于试样的马氏体相变温度非常低, 导致室温已经超过了发生应力诱发马氏体相变的最高温度。②马氏体亚结构发生变化, 纳米晶 TiNi 合金中马氏体的亚结构以(001)复合孪晶为主[11]。以(001)复合孪晶为主的粗晶 TiNiHf 合金在变形时并未表现出清晰的应力平台[71, 72]。③非晶与纳米晶的混合组织。Tsuchiya 等[14]曾报道在含有 50%非晶的 $Ti_{49.1}Ni_{50.9}$ 合金中发现 3.4%的超弹性, 但是其应力-应变曲线中并未出现应力平台。

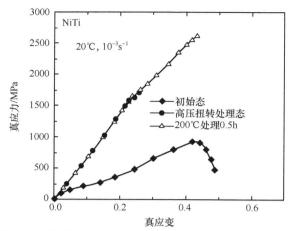

图 4-25　不同处理对 Ti$_{49.38}$Ni$_{50.62}$ 合金室温力学行为的影响

高压扭转处理的纳米晶 TiNi 合金在高温变形时表现出一定的超塑性。图 4-26 所示为高压扭转处理 Ti$_{49.38}$Ni$_{50.62}$ 合金在不同温度下的拉伸应力-应变曲线[20]。当加载速率为 $10^{-3}s^{-1}$、温度为 400℃时,试样的抗拉强度仍接近 2000MPa。随加载温度升高,由于晶粒长大和位错等缺陷减少,试样的抗拉强度下降。当加载温度为 500℃时,试样的变形行为表现出较强的加工硬化,抗拉强度高达 900MPa,此时的延伸率超过 200%。通常认为,高温超塑性变形中,屈服应力随晶粒尺寸减小而减小。纳米晶 TiNi 合金则表现出截然相反的变形行为,如图 4-27 所示[73]。这可能与其由晶界滑移主导的变形机制有关。

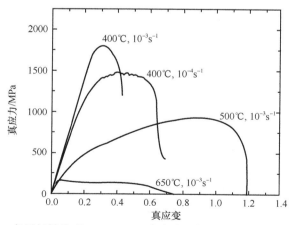

图 4-26　高压扭转处理 Ti$_{49.38}$Ni$_{50.62}$ 合金在不同温度下的应力-应变曲线

图 4-28 所示为经高压扭转处理后不同状态 Ti$_{49.4}$Ni$_{50.6}$ 合金的应力-应变曲线[10]。由图可见,高压扭转处理试样力学行为与图 4-25 结果类似。当高压扭转处理试样在 400℃退火处理 20min 后,其显微组织由非晶转变为平均晶粒尺寸在 20nm 的纳米晶

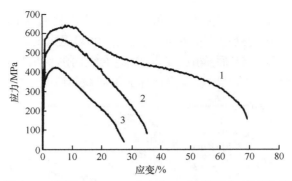

图 4-27　不同 $Ti_{49.4}Ni_{50.6}$ 合金在 500℃ 的应力-应变曲线

应变速率为 $10^{-3}s^{-1}$。曲线 1: 高压扭转处理后在 400℃ 退火 20min, 20nm; 曲线 2:
等径角挤压制备的超细晶; 曲线 3: 粗晶。

B2 母相[10, 74]。相应地, 其应力-应变曲线上出现了应力平台, 进一步研究表明, 试样在拉伸变形过程中发生了 B2→B19′ 的应力诱发马氏体相变[73]。此时的晶粒尺寸远小于发生热诱发马氏体相变的临界尺寸(60nm[11]), 意味着应力诱发马氏体相变与热诱发马氏体相变两者存在差异, 前者形成与外力方向一致的具有择优取向的马氏体, 而后者形成自协作形貌的马氏体。相变时外加应力能够促使相邻晶粒内部马氏体的形核与长大。继续升高退火温度, 应力诱发马氏体相变临界应力与屈服强度下降, 应力平台和延伸率增加。需要注意的是, 应力诱发马氏体相变临界应力的变化并不能完全归结为退火所导致的晶粒尺寸增加, 马氏体相变温度变化的作用也不容忽略。

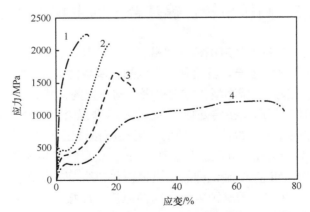

图 4-28　不同状态 $Ti_{49.4}Ni_{50.6}$ 合金的应力-应变曲线

曲线 1: 高压扭转处理; 曲线 2: 高压扭转处理后 400℃ 退火处理 20min; 曲线 3: 高压扭转处理后 450℃ 退火处理
20min; 曲线 4: 高压扭转处理后 550℃ 退火处理 20min

高压扭转处理 TiNi 合金中含有大量不发生马氏体相变的非晶, 本质上而言不利于改善形状记忆效应，需要合适的退火处理来优化合金的形状恢复特性。图 4-29 给出了高压扭转处理 $Ti_{50.2}Ni_{49.8}$ 合金经 400℃退火处理不同时间后的应力-应变曲线[75]。当变形到 8%后，粗晶 $Ti_{50.2}Ni_{49.8}$ 合金的形状恢复应变约为 5.5%，而经过 400℃退火处理 1h 的试样表现出最佳的形状恢复应变，约为 7.8%。

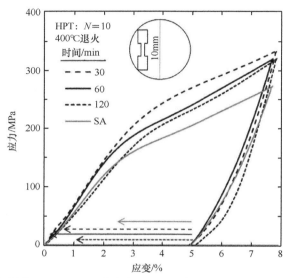

图 4-29　高压扭转处理 $Ti_{50.2}Ni_{49.8}$ 合金经 400℃退火处理不同时间后的应力-应变曲线

箭头表示卸载后加热所产生的应变恢复

4.5　高压扭转钛镍基合金的生物相容性

TiNi 基合金是制备硬骨组织植入器械、血管支架、齿科器械以及矫形器械的重要生物医用金属材料之一。虽然利用高压扭转制备的非晶/纳米晶 TiNi 合金尺寸非常小，但是在医疗器械小型化方面仍表现出一定的优势。

Nie 等首先比较了高压扭转处理的 $Ti_{49.8}Ni_{50.2}$ 非晶合金、纳米晶合金以及微米晶合金的体外腐蚀与细胞毒性[76]。他们利用高压扭转工艺制备了非晶 $Ti_{49.8}Ni_{50.2}$ 合金，然后将非晶合金在 300℃退火处理 30min，获得纳米晶合金。图 4-30 比较了上述三种不同 $Ti_{49.8}Ni_{50.2}$ 合金试样的动电位极化曲线[76]。从在模拟人工体液中的极化曲线来看，三种试样的腐蚀电位和腐蚀电流密度接近。如果比较三种试样的局部点蚀情况，则可发现微米晶试样的腐蚀电位为 0.608±0.05V，而非晶试样的腐蚀电位为 1.14±0.08V，纳米晶试样则高至 1.5V 仍未表现出显著的击穿电流或点蚀攻击。这表明纳米晶或非晶化可以显著提高 TiNi 合金在模拟人工体液中的抗点蚀能力。在模拟人工唾液中，三种试样均表现出较高的点蚀电位(1.35～1.43V)。

微米晶、非晶和纳米晶三种试样的腐蚀电流密度分别为$(2.02\pm0.11)\times10^{-5}\mu A/cm^2$、$(8.12\pm0.68)\times10^{-6}\mu A/cm^2$、$(4.07\pm0.26)\times10^{-6}\mu A/cm^2$，腐蚀电位分别为$-0.342\pm0.01V$、$-0.235\pm0.009V$与$-0.217\pm0.008V$。其中纳米晶试样的腐蚀电位最高，腐蚀电流密度最小，表现出最佳的抗腐蚀性能。

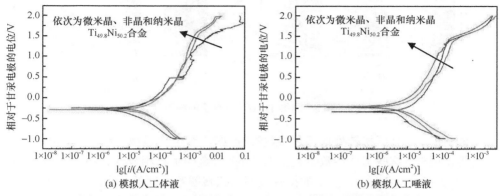

图 4-30　微米晶、纳米晶与非晶 $Ti_{49.8}Ni_{50.2}$ 合金的动电位极化曲线

图 4-31 所示为微米晶、非晶和纳米晶 $Ti_{49.8}Ni_{50.2}$ 合金在模拟体液中腐蚀后的表面形貌[76]。比较而言，纳米晶试样表面点蚀坑数量最少，均匀腐蚀的面积最小，尚可观察到完整的未腐蚀区域。非晶试样表面的点蚀坑数量与均匀腐蚀的面积都有所增加；微米晶试样表面的腐蚀区域面积与点蚀坑数量最大。这表明，纳米晶试样的抗腐蚀能力最强，与图 4-30(a)中极化曲线的结果一致。

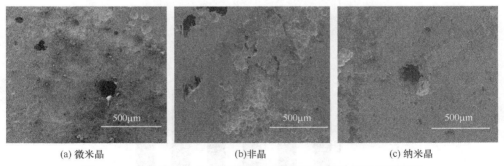

图 4-31　$Ti_{49.8}Ni_{50.2}$ 合金在模拟人工体液环境下腐蚀后的表面形貌

利用间接接触法，选择小鼠成纤维细胞 L929 与成骨细胞 MG63 评价上述三种 $Ti_{49.8}Ni_{50.2}$ 合金试样的细胞毒性与增殖，结果如图 4-32 所示[76]。培养 4d 时，L929 在微米晶与纳米晶 $Ti_{49.8}Ni_{50.2}$ 合金上增殖率接近，约为 90%；非晶试样上增殖率较低，约为 80%，各实验组均没有表现出明显的细胞毒性。MG63 的情况与L929 类似。

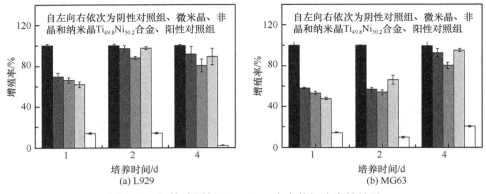

图 4-32　间接法测得 Ti$_{49.8}$Ni$_{50.2}$ 合金的细胞毒性结果

　　如前所述，高压扭转处理工艺参数影响 TiNi 合金的显微组织，包括位错、非晶化等。同样，这些工艺参数也会影响 TiNi 合金的生物相容性。图 4-33 所示为 L929 细胞在 Ti$_{50.2}$Ni$_{49.8}$ 合金上的接种效率与扭转圈数之间的关系，其中 BHPT 指高压扭转处理前的初始状态[77]。虽然并没有统计学上的明显差异，扭转圈数对合金的接种效率仍有一定的影响。随着扭转圈数增加，试样的接种效率逐渐增加；当扭转圈数为 1 时，接种效率达到最大值，之后略有降低。图 4-34 给出了不同扭转圈数处理的 Ti$_{50.2}$Ni$_{49.8}$ 合金表面的菌落形态[77]。未经高压扭转处理的 Ti$_{50.2}$Ni$_{49.8}$ 合金表面的菌落比较松散，并且菌落尺寸较大。当扭转圈数不超过 1 时，菌落聚集在一起，并且尺寸较小。继续增加扭转圈数，菌落又松散地分布在合金表面。

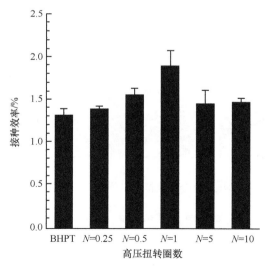

图 4-33　L929 细胞在不同高压扭转圈数制备的 TiNi 合金上的接种效率
BHPT 指高压扭转处理前

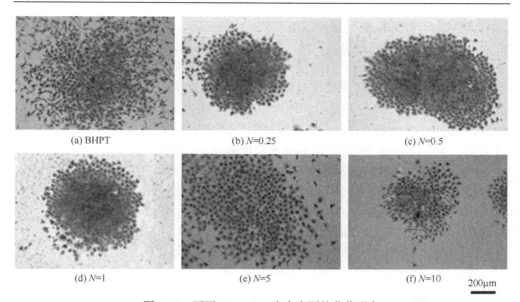

图 4-34　不同 $Ti_{50.2}Ni_{49.8}$ 合金表面的菌落形态

　　将不同的 $Ti_{50.2}Ni_{49.8}$ 合金在细胞培养液中浸泡 7d 后，测量不同试样的 Ni 离子释放量，结果如图 4-35 所示[77]。未经高压扭转处理的 $Ti_{50.2}Ni_{49.8}$ 合金的 Ni 离子释放率最高，约为 $42.9ng/(mL \cdot cm^2)$。扭转 0.25 圈后，Ni 离子释放率减小到 $12.1ng/(mL \cdot cm^2)$。扭转 0.5 圈、1 圈、5 圈、10 圈后，Ni 离子释放率分别为 $3.74ng/(mL \cdot cm^2)$、$9.67ng/(mL \cdot cm^2)$、$3.32ng/(mL \cdot cm^2)$ 和 $3.14ng/(mL \cdot cm^2)$。可见，高压扭转处理可以有效抑制 Ni 离子释放量，从而有助于改善合金的生物相容性。

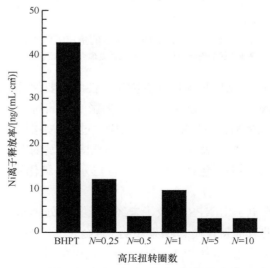

图 4-35　细胞培养中不同 $Ti_{50.2}Ni_{49.8}$ 合金的 Ni 离子释放率

　　材料植入体内后，首先是与蛋白质相互作用，因此 TiNi 合金表面的蛋白吸附能力对于其生物相容性有重要意义。图 4-36 所示为不同 $Ti_{50.2}Ni_{49.8}$ 合金的血清蛋白与玻连蛋白的吸附能力。血清蛋白是血浆中最丰富的蛋白质，对很多内源和外源配体的传输、分布和代谢等均有显著贡献[78]；玻连蛋白则存在于血浆和细胞外基质中，可促进内皮细胞的黏附、伸展和增殖。由图 4-36(a)可见，未经高压扭转处理的 $Ti_{50.2}Ni_{49.8}$ 合金有最小的血清蛋白吸附能力，经过 0.25 圈的扭转后，合金的血清蛋白吸附能力达到最大，之后随扭转圈数增加，吸附能力下降；当扭转圈数为 10 时，合金的血清蛋白吸附能力与未经高压扭转处理的合金相当。如图 4-36(b)所示，扭转圈数为 1 的 $Ti_{50.2}Ni_{49.8}$ 合金展现出最强的玻连蛋白吸附能力，其次为未经高压扭转处理样品，其他高压扭转处理试样则表现出更低的吸附能力。这可能与玻连蛋白与 TiNi 合金表面的 TiO_2 之间的良好吸附有关[79]。

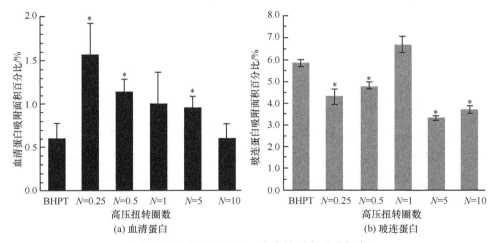

图 4-36　不同 $Ti_{50.2}Ni_{49.8}$ 合金的蛋白吸附能力
星号表示高压扭转处理合金与未经高压扭转处理合金有显著性差异 $p < 0.05$

　　TiNi 合金表层的钝化层是其良好生物相容性的主要保证。上述高压扭转诱发的非晶化或纳米化对 TiNi 合金生物相容性的影响与其对合金表面特性的影响密切相关。材料植入人体后，许多复杂的物理化学过程，如蛋白吸附、表面氧化、电化学过程和细胞黏附在材料表面发生[80]。高压扭转诱发的非晶化或纳米化均可能改变 TiNi 合金的表面特性，包括 Ni 元素状态与分布、氧化层厚度等，从而影响生物相容性。

　　利用 X 射线光电子谱(XPS)比较了未经高压扭转处理与高压扭转处理不同圈数 $Ti_{50.2}Ni_{49.8}$ 合金的表面特性[80]。结果表明，合金表面的金属态 Ni 含量随扭转圈数的增加而下降，化合态 Ni 则以 $Ni(OH)_2$ 的形式存在。图 4-37 所示为高压扭转处理前后 $Ti_{50.2}Ni_{49.8}$ 合金中不同元素的深度剖面分析谱[80]。对于所有试样，由于 Ti

与 Ni 两者溅射率的不同, Ti 的含量稳定在 30%(原子分数)左右, 而 Ni 稳定在 50% (原子分数)左右。对于未经高压扭转处理试样, 表面钝化膜厚度约为 5nm。这与其他的研究一致[81]。经高压扭转处理 0.25 圈后, 表面钝化膜厚度增加到 12.65nm, 并且 TiO₂ 覆盖在合金表层。经高压扭转处理 5 圈后, 表面钝化膜厚度约为 9nm。

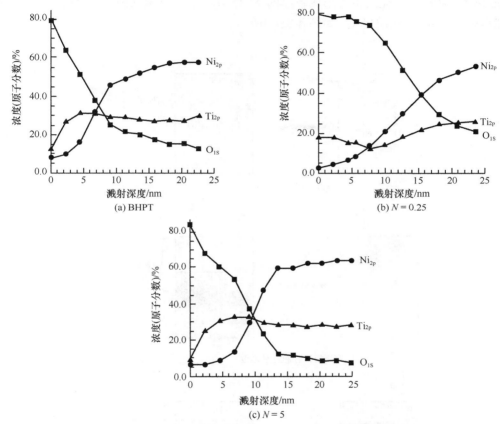

图 4-37　不同 Ti$_{50.2}$Ni$_{49.8}$ 合金的 XPS 深度剖面分析谱

利用热处理或化学表面处理可以在 TiNi 合金表层形成钝化膜, 但是在钝化膜层下方形成富 Ni 层, 从而提高了 Ni 离子释放率[82, 83], 长期来看, 不利于生物相容性。而在高压扭转处理的 Ti$_{50.2}$Ni$_{49.8}$ 合金中, 金属态 Ni 的含量随扭转圈数的增加而下降, 甚至没有富 Ni 层[80], 这可能导致图 4-35 所示的结果。图 4-38 给出了高压扭转处理前后 Ti$_{50.2}$Ni$_{49.8}$ 合金表面钝化膜的形成示意图[81]。在未经高压扭转处理的试样中, Ti 的优先氧化导致在氧化层的下方形成富 Ni 层。这个富 Ni 层可以阻止 Ti 元素持续扩散, 从而在合金表层形成一非常薄的氧化层, 如图 4-38(a)所示。经过高压扭转处理后, 合金中位错密度非常高, 形成纳米晶和非晶组织, 这些微观组织特征可能改变钝化膜的形成动力学。当扭转圈数较少时,高密度的位错可能作为 Ti 原子扩散的通道,有利于在表面形成较厚的氧化膜。随扭转圈数增加,合金中非晶的体积分数增加,导致在合金表面形成的氧化膜要薄于扭转圈数少的试样,但是厚于未经高压扭转处理的试样。过高的缺陷密度也增加了 Ni 原子的扩散速率,从而在氧化层下方形成较厚的 $Ni(OH)_2$ 层,反过来又限制了 Ti 原子的扩散以及表层的氧化层厚度,如图 4-38(c)所示。

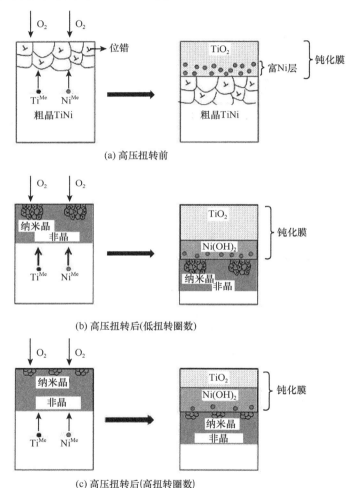

(a) 高压扭转前

(b) 高压扭转后(低扭转圈数)

(c) 高压扭转后(高扭转圈数)

图 4-38　不同 $Ti_{50.2}Ni_{49.8}$ 合金表面钝化膜的形成示意图

钝化膜厚度(b)＞(c)＞(a)

上述结果清楚地表明,高压扭转及后续退火处理通过在 TiNi 合金中形成高密度位错等缺陷、纳米晶与非晶组织,可以增加表面钝化层的厚度,消除钝化层下方的富 Ni 层,从而优化合金在人体环境下的腐蚀抗力、Ni 离子释放、蛋白吸附能力和细胞毒性等生物学性能，因此可以考虑通过控制高压扭转及后续退火处理工艺，进一步拓宽合金的生物医学应用。

参 考 文 献

[1] Bridgman P W. On torsion combined with compression. Journal of Applied Physics, 1943, 14(6): 273-283.

[2] Zhilyaev A P, Langdon T G. Using high-pressure torsion for metal processing: Fundamentals and applications. Progress in Materials Science, 2008, 53(6): 893-979.

[3] Valiev R Z, Mukherjee A K. Nanostructures and unique properties in intermetallics, subjected to severe plastic deformation. Scripta Materialia, 2001, 44(8): 1747-1750.

[4] Kilmametov A R, Gunderov D V, Valiev R Z, et al. Enhanced ion irradiation resistance of bulk nanocrystalline TiNi alloy. Scripta Materialia, 2008, 59(10): 1027-1030.

[5] Valiev R Z, Islamgaliev R K, Alexandrov I V. Bulk nanostructured materials from severe plastic deformation. Progress in Materials Science, 2000, 45(2): 103-189.

[6] Pippan R, Scheriau S, Hohenwarter A, et al. Advantages and limitations of HPT: A review. Materials Science Forum, 2008, 584-586: 16-21.

[7] Zhilyaev A P, Nurislamova G V, Kim B K, et al. Experimental parameters influencing grain refinement and microstructural evolution during high-pressure torsion. Acta Materialia, 2003, 51(3): 753-765.

[8] Shahmir H, Nili-Ahmadabadi M, Huang Y, et al. Evolution of microstructure and hardness in NiTi shape memory alloys processed by high-pressure torsion. Journal of Materials Science, 2014, 49(8): 2998-3009.

[9] Prokoshkin S D, Khmelevskaya I Y, Dobatkin S V, et al. Alloy composition, deformation temperature, pressure and post-deformation annealing effects in severely deformed Ti-Ni based shape memory alloys. Acta Materialia, 2005, 53(9): 2703-2714.

[10] Gunderov D, Lukyanov A, Prokofiev E, et al. Mechanical properties and martensitic transformations in nanocrystalline $Ti_{49.4}Ni_{50.6}$ alloy produced by high-pressure torsion. Materials Science and Engineering: A, 2009, 503(1): 75-77.

[11] Waitz T, Kazykhanov V, Karnthaler H P. Martensitic phase transformations in nanocrystalline NiTi studied by TEM. Acta Materialia, 2004, 52(1): 137-147.

[12] Ewert JC, Böhm I, Peter R, et al. The role of the martensite transformation for the mechanical amorphisation of NiTi. Acta Materialia, 1997, 45(45): 2197-2206.

[13] Nakayama H, Tsuchiya K, Liu Z G, et al. Process of nanocrystallization and partial amorphization by cold rolling in TiNi. Materials Transactions, 2001, 42(9): 1987-1993.

[14] Tsuchiya K, Hada Y, Koyano T, et al. Production of TiNi amorphous/nanocrystalline wires with high strength and elastic modulus by severe cold drawing. Scripta Materialia, 2009, 60(9): 749-752.

[15] Nakayama H, Tsuchiya K, Umemoto M. Crystal refinement and amorphisation by cold rolling in tini shape memory alloys. Scripta Materialia, 2001, 44(8-9): 1781-1785.

[16] Koike J, Parkin D M, Nastasi M. Crystal-to-amorphous transformation of NiTi induced by cold rolling. Journal of Materials Research, 1990, 5(7): 1414-1418.

[17] Huang J Y, Zhu Y T, Liao X Z, et al. Amorphization of TiNi induced by high-pressure torsion. Philosophical Magazine Letters, 2004, 84(3): 183-190.

[18] Rentenberger C, Waitz T, Karnthaler H P. HRTEM analysis of nanostructured alloys processed

by severe plastic deformation. Scripta Materialia, 2004, 51(8): 789-794.

[19] Peterlechner M, Waitz T, Karnthaler H P. Nanoscale amorphization of severely deformed NiTi shape memory alloys. Scripta Materialia, 2009, 60(12): 1137-1140.

[20] Sergueeva A V, Song C, Valiev R Z, et al. Structure and properties of amorphous and nanocrystalline NiTi prepared by severe plastic deformation and annealing. Materials Science and Engineering: A, 2003, 339(1-2): 159-165.

[21] Peterlechner M, Waitz T, Karnthaler H P. Nanocrystallization of NiTi shape memory alloys made amorphous by high-pressure torsion. Scripta Materialia, 2008, 59(5): 566-569.

[22] Srivastava A K, Schryvers D, van Humbeeck J. Grain growth and precipitation in an annealed cold-rolled $Ni_{50.2}Ti_{49.8}$ alloy. Intermetallics, 2007, 15(12): 1538-1547.

[23] Brailovski V, Prokoshkin S D, Bastarash E, et al. Thermal stability and nanocrystallization of amorphous Ti-Ni alloys prepared by cold rolling and post-deformation annealing. Materials Science Forum, 2007, 539-543: 1964-1970.

[24] Lee H J, Ni H, Wu D T, et al. Grain size estimations from the direct measurement of nucleation and growth. Applied Physics Letters, 2005, 87(12): 124102.

[25] Ramirez AG, Ni H, Lee H J. Crystallization of amorphous sputtered NiTi thin films. Materials Science and Engineering: A, 2006, 438-440(24): 703-709.

[26] Chen J Z, Wu S K. Crystallization temperature and activation energy of rf-sputtered near-equiatomic TiNi and $Ti_{50}Ni_{40}Cu_{10}$ thin films. Journal of Non-Crystalline Solids, 2001, 288(1-3): 159-165.

[27] Vestel M J, Grummon D S, Gronsky R, et al. Effect of temperature on the devitrification kinetics of NiTi films. Acta Materialia, 2003, 51(18): 5309-5318.

[28] Chang S H, Wu S K, Kimura H. Annealing effects on the crystallization and shape memory effect of $Ti_{50}Ni_{25}Cu_{25}$ melt-spun ribbons. Intermetallics, 2007, 15(3): 233-240.

[29] Tong Y, Liu Y. Crystallization behavior of a $Ti_{50}Ni_{25}Cu_{25}$ melt-spun ribbon. Journal of Alloys and Compounds, 2008, 449(s1-2): 152-155.

[30] Louzguine D V, Inoue A. Crystallization behavior of $Ti_{50}Ni_{25}Cu_{25}$ amorphous alloy. Journal of Materials Science, 2000, 35(16): 4159-4164.

[31] Lee H J, Ni H, Wu D T, et al. Experimental determination of kinetic parameters for crystallizing amorphous NiTi thin films. Applied Physics Letters, 2005, 87(11): 114102.

[32] Valiev R Z, Gunderov D V, Zhilyaev A P, et al. Nanocrystallization induced by severe plastic deformation of amorphous alloys. Journal of Metastable and Nanocrystalline Materials, 2004, 22: 21-26.

[33] Valiev R Z, Gunderov D V, Pushin V G. Metastable nanostructured SPD Ti-Ni alloys with unique properties. Journal of Metastable and Nanocrystalline Materials, 2005, 24-25: 7-12.

[34] Singh R, Rösner H, Prokofyev E A, et al. Annealing behaviour of nanocrystalline NiTi(50 at%Ni)alloy produced by high-pressure torsion. Philosophical Magazine, 2011, 91(22): 3079-3092.

[35] Singh R, Divinski SV, Rösner H, et al. Microstructure evolution in nanocrystalline NiTi alloy produced by HPT. Journal of Alloys and Compounds, 2011, 509(11): S290-S293.

[36] 赵连城, 蔡伟, 郑玉峰. 合金的形状记忆效应与超弹性. 北京: 国防工业出版社, 2002.

[37] Chen I W, Chiao Y H. Theory and experiment of martensitic nucleation in ZrO_2 containing ceramics and ferrous alloys. Acta Metallurgica, 1985, 33(10): 1827-1845.

[38] Krishnan M, Singh J B. A novel B19′ martensite in nickel titanium shape memory alloys. Acta Materialia, 2000, 48(6): 1325-1344.

[39] Miyazaki S, Otsuka K, Wayman C M. The shape memory mechanism associated with the martensitic transformation in TiNi alloys—I. Self-accommodation. Acta Metallurgica, 1989, 37(7): 1873-1884.

[40] Nishida M, Ohgi H, Itai I, et al. Electron microscopy studies of twin morphologies in B19′ martensite in the Ti-Ni shape memory alloy. Acta Metallurgica et Materialia, 1995, 43(3): 1219-1227.

[41] Waitz T, Pranger W, Antretter T, et al. Competing accommodation mechanisms of the martensite in nanocrystalline NiTi shape memory alloys. Materials Science and Engineering: A, 2008, 481-482(21): 479-483.

[42] Liu Y.Mechanical and thermomechanical properties of a $Ti_{50}Ni_{25}Cu_{25}$ melt spun ribbon. Materials Science and Engineering A, 2003, 354(1): 286-291.

[43] Nam T H, Park S M, KimT Y, et al. Microstructures and shape memory characteristics of Ti-25Ni-25Cu(at.%)alloy ribbons. Smart Materials and Structures, 2005, 14(5): S239-S244.

[44] Nishida M, Wayman C M, Chiba A. Electron microscopy studies of the martensitic transformation in an aged Ti-51at%Ni shape memory alloy. Metallography, 1988, 21(3): 275-291.

[45] Zhang J X, Sato M, Ishida A. Structure of martensite in sputter-deposited Ti-Ni thin films containing Guinier-Preston zones. Acta Materialia, 2001, 49(15): 3001-3010.

[46] Tadaki T, Wayman C M. Electron microscopy studies of martensitic transformations in $Ti_{50}Ni_{50-x}Cu_x$ alloys. Part II. Morphology and crystal structure of martensites. Metallography, 1982, 15(3): 247-258.

[47] Wu S K, Wayman C M. TEM studies of the martensitic transformation in a $Ti_{50}Ni_{40}Au_{10}$ alloy. Scripta Metallurgica, 1987, 21(1): 83-88.

[48] Zheng Y F, Zhao L C, Ye H Q. HREM study on the intervariant structure of Ti-Ni-Hf B19′ martensite. Scripta Materialia, 1998, 38: 1249-1253.

[49] Gao Y, Pu Z J, Wu K H. TEM studies of NiTi-Hf and NiTi-Zr high temperature shape memory alloys. The Second International Conference on Shape Memory and Superelastic Technologies. Monterey, 1997: 83-88.

[50] Ball J M, James R D. Fine phase mixtures as minimizers of energy. Archive for Rational Mechanics and Analysis, 1987, 100(1): 13-52.

[51] Waitz T, Antretter T, Fischer F D, et al. Size effects on martensitic phase transformations in nanocrystalline NiTi shape memory alloys. Materials Science and Technology, 2008, 24(8): 934-940.

[52] Waitz T, Spišák D, Hafner J, et al. Size-dependent martensitic transformation path causing atomic-scale twinning of nanocrystalline NiTi shape memory alloys. Europhysics Letters, 2005, 71(1): 98-103.

[53] Waitz T. The self-accommodated morphology of martensite in nanocrystalline NiTi shape memory alloys. Acta Materialia, 2005, 53(8): 2273-2283.

[54] Fan G L, ChenW, Yang S, et al. Origin of abnormal multi-stage martensitic transformation behavior in aged Ni-rich Ti-Ni shape memory alloys. Acta Materialia, 2004, 52(14): 4351-4362.

[55] Kim J I, Miyazaki S. Effect of nano-scaled precipitates on shape memory behavior of Ti-50.9at.%Ni alloy. Acta Materialia, 2005, 53(17): 4545-4554.

[56] Zheng Y, Jiang F, Li L, et al. Effect of ageing treatment on the transformation behaviour of Ti-50.9 at.% Ni alloy. Acta Materialia. 2008, 56(4): 736-745.

[57] Jiang F, Liu Y, Yang H, Li L, et al. Effect of ageing treatment on the deformation behaviour of Ti-50.9 at.% Ni. Acta Materialia, 2009, 57(16): 4773-4781.

[58] Nishida M, Wayman C M, HonmaT. Precipitation processes in near-equiatomic TiNi shape

memory alloys. Metallurgical Transactions A, 1986, 17(9): 1505-1515.

[59] Nishida M, Hara T, Ohba T, Y et al. Experimental consideration of multistage martensitic transformation and precipitation behavior in aged Ni-rich Ti-Ni shape memory alloys. Materials Transactions, 2003, 44(12): 2631-2636.

[60] Khalil-Allafi J, Dlouhy A, Eggeler G. Ni_4Ti_3-precipitation during aging of NiTi shape memory alloys and its influence on martensitic phase transformations. Acta Materialia, 2002, 50(17): 4255-4274.

[61] Prokofiev E A, Burow J A, Payton E J, et al. Suppression of Ni_4Ti_3 precipitation by grain size refinement in Ni-Rich NiTi shape memory alloys. Advanced Engineering Materials, 2010, 12(8): 747-753.

[62] Tirry W, Schryvers D. Quantitative determination of strain fields around Ni_4Ti_3 precipitates in NiTi. Acta Materialia, 2005, 53(4): 1041-1049.

[63] Pushin V G, Stolyarov V V, Valiev R Z, et al. Nanostructured TiNi-based shape memory alloys processed by severe plastic deformation. Materials Science and Engineering: A, 2005, 410(12): 386-389.

[64] Pushin V G, Valiev R Z, Zhu Y T, et al. Effect of severe plastic deformation on the bhavior of TiNi shape memory alloys. Materials Transactions, 2006, 47(3): 694-697.

[65] Mahesh K K, Fernandes F M B, Gurau G. Stability of thermal-induced phase transformations in the severely deformed equiatomic Ni-Ti alloys. Journal of Materials Science, 2012, 47: 6005-6014.

[66] Waitz T, Karnthaler H P. Martensitic transformation of NiTi nanocrystals embedded in an amorphous matrix. Acta Materialia, 2004, 52(19): 5461-5469.

[67] Saburi T, Nenno S. In situ observations of the nucleation and growth of the thermoelastic martensite in a Ti-Ni-Cu alloy//Tamura I. ICOMAT-86. Nara, Japan: Proceedings of The Internationatinal Conference on Martensitic Transformations, 1986: 671-678.

[68] Ling H C, Owen W S. A model of the thermoelastic growth of martensite. Acta Metallurgica, 1981, 29(10): 1721-1736.

[69] Waitz T, Antretter T, Fischer F D, et al. Size effects on the martensitic phase transformation of NiTi nanograins. Journal of the Mechanics and Physics of Solids, 2007, 55(2): 419-444.

[70] Tsuchiya K, Ohnuma M, Nakajima K, et al. Microstructures and enhanced properties of SPD-processed TiNi shape memory alloy. Materials Reseacrh Soccity Symposium Proceedings, 2009: 113-124.

[71] Meng X L, Zheng Y F, Wang Z, et al. Effect of aging on the phase transformation and mechanical behavior of $Ti_{36}Ni_{49}Hf_{15}$ high temperature shape memory alloy. Scripta Materialia, 2000, 42(4): 341-348.

[72] Dalle F, Perrin E, Vermaut P, et al. Interface mobility in $Ni_{49.8}Ti_{42.2}Hf_8$ shape memory alloy. Acta Materialia, 2002, 50(14): 3557-3565.

[73] Valiev R Z, Gunderov D V, Lukyanov A V, et al. Mechanical behavior of nanocrystalline TiNi alloy produced by severe plastic deformation. Journal of Materials Science, 2012, 47(22): 7848-7853.

[74] Prokofiev E, Gunderov D, Lukyanov A, et al. Mechanical behavior and stress-induced martensitic transformation in nanocrystalline $Ti_{49.4}Ni_{50.6}$ alloy. Materials Science Forum, 2008, 584-586(4): 470-474.

[75] Shahmir H, Nili-Ahmadabadi M, Huang Y, et al. Shape memory effect in nanocrystalline NiTi alloy processed by high-pressure torsion. Materials Science and Engineering: A, 2015, 626(626):

203-206.

[76] Nie F L, Zheng Y F, Cheng Y, et al. In vitro corrosion and cytotoxicity on microcrystalline, nanocrystalline and amorphous NiTi alloy fabricated by high pressure torsion. Materials Letters, 2010, 64(8): 983-986.

[77] Awang Shri D N, Tsuchiya K, Yamamoto A. Cytocompatibility evaluation and surface characterization of TiNi deformed by high-pressure torsion. Materials Science and Engineering: C, 2014, 43(43): 411-417.

[78] 史婕, 冯波, 鲁雄, 等. BSA 和 FN 在纳米化纯钛表面的蛋白吸附及释放行为. 无机材料学报, 2011, 26(12): 1299-1303.

[79] Zhang H, Bremmell K, Kumar S, et al. Vitronectin adsorption on surfaces visualized by tapping mode atomic force microscopy. Journal of Biomedical Materials Research Part A, 2004, 68A(3): 479-488.

[80] Awang Shri D N, Tsuchiya K, Yamamoto A. Surface characterization of TiNi deformed by high-pressure torsion. Applied Surface Science, 2014, 289(1): 338-344.

[81] Armitage D A, Grant D M. Characterisation of surface-modified nickel titanium alloys. Materials Science and Engineering: A, 2003, 349(1-2): : 89-97.

[82] Chan C M, Trigwell S, Duerig T. Oxidation of an NiTi alloy. Surface and Interface Analysis, 1990, 15(6): 349-354.

[83] Tian H, Schryvers D, Shabalovskaya S, et al. Microstructure of surface and subsurface layers of a Ni-Ti shape memory microwire. Microscopy and Microanalysis, 2009, 15(1): 62-70.

第 5 章　等径角挤压钛镍基形状记忆合金

2002 年 Pushin 等首先利用等径角挤压变形获得了晶粒尺寸介于 200～300nm 的超细晶 TiNi 基形状记忆合金[1, 2]。等径角挤压与高压扭转均属于剧烈塑性变形，但是前者在诸多方面，尤其是试样尺寸表现出显著的优势。例如，利用等径角挤压制备的 Al 合金样品尺寸可达到截面积为 50mm×50mm 和长度为 500mm[3]，利用连续等径角挤压与冷拔相结合的工艺可获得直径为 6～8mm、长度为 3m 的超细晶纯 Ti[4]。这为超细晶 TiNi 基形状记忆合金的工程应用奠定了基础。因此，研究者在过去十多年里对等径角挤压 TiNi 基合金的制备工艺、微观组织演化、马氏体相变行为、形状记忆效应以及生物相容性等进行了广泛细致的研究。在此基础上，等径角挤压不仅用于制备超细晶 TiNi 合金的棒材，还用于制备超细晶管材[5]。

5.1　钛镍基合金的等径角挤压工艺

等径角挤压，又称等通道角挤压，是苏联学者 Segal 教授及其合作者在 20 世纪 80 年代研究钢的变形行为时，为了通过纯剪切变形在材料内部获得高应变而发明的一种塑性变形加工技术[6]。20 世纪 90 年代，Valiev 教授团队利用该技术获得了具有新奇性能的超细晶材料[7]。目前，等径角挤压已成为剧烈塑性变形技术中发展最为迅速的技术，受到学术界与工业界的高度重视。在 TiNi 基形状记忆合金方面，等径角挤压工艺被成功用来制备超细晶 TiNi 与 TiNiFe[2]、TiNiHf[8]、TiNiPd[9]以及 TiNiNb[10]等合金。

图 5-1(a)所示为等径角挤压的示意图，挤压时，试样多次被压入专用模具中具有相同断面的两个通道，使试样发生纯剪切变形，进而达到细化晶粒的目的。在此过程中，试样的断面不发生改变，因此试样可以反复形变。试样经过 N 道次挤压变形后累积的等效应变可利用式(5-1)表示[6]。

$$\varepsilon_N = \frac{N}{\sqrt{3}}\left[2\cot\left(\frac{\phi}{2}+\frac{\psi}{2}\right)+\psi\csc\left(\frac{\phi}{2}+\frac{\psi}{2}\right)\right] \tag{5-1}$$

其中，N 为挤压道次；ϕ 为模具内角；ψ 为模具外角。当 $\phi=90°$，$\psi=0°$，等效应变为 1.15N。图 5-1(b)所示为等径角挤压处理的 TiNi 合金的宏观形貌。

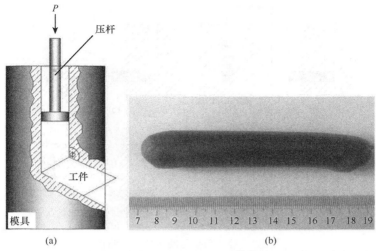

图 5-1　等径角挤压工艺示意图(a)与等径角挤压处理的 TiNi 合金(b)

影响等径角挤压晶粒细化效果的工艺参数分为挤压工艺参数与模具结构参数，其中前者包括挤压路径、挤压道次、挤压温度、变形速率、润滑剂，后者主要为模具内角。等径角挤压处理 TiNi 基合金时，润滑剂通常选择 MoS_2 或者石墨，模具内角介于 90°～120° 之间。图 5-2 所示为等径角挤压的 4 种基本挤压路径[6]。不同的挤压路径可以引入不同的切变方向，从而影响等径角挤压的显微组织。对于路径 A，每道次挤压后试样不旋转直接进入下一道次。对于路径 B_A，两相邻挤压道次之间，试样交替旋转 90°，即每次旋转的方向均不同。对于路径 B_C，每道次挤压后试样均按照同一方向旋转 90° 然后进入下一道次。对于路径 C，每道次挤压后试样旋转 180° 后进入下一道次。已有研究指出[11]，B_C 是晶粒细化效果最好的路径。现有 TiNi 基合金的等径角挤压处理大部分也采用该路径。

等径角挤压的一个前提条件是试样必须具有良好的塑性以防止变形过程中产生裂纹和断裂，因此大部分研究中 TiNi 等金属间化合物的变形通常在较高温度下进行。然而，降低挤压温度有利于获得更加细小的晶粒。通过改进模具或试样条件等均实现了 TiNi 合金在室温下的等径角挤压。如 Karaman 等[12]利用带有滑动轨道的模具实现了 TiNi 合金的室温变形。此类滑动模具有利于减小挤压过程中试样与模具内壁之间的摩擦力。图 5-3 给出了两种具有滑动结构的模具示意图[13]。Shahmir 等[14]则将 TiNi 合金置于纯 Fe 包套中，利用普通模具同样在室温下实现了等径角挤压变形，如图 5-4 所示。

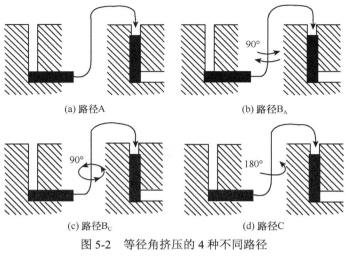

(a) 路径A　　　　　　　　　　　(b) 路径B_A

(c) 路径B_C　　　　　　　　　　(d) 路径C

图 5-2　等径角挤压的 4 种不同路径

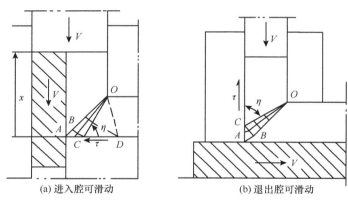

(a) 进入腔可滑动　　　　　　　　　(b) 退出腔可滑动

图 5-3　可滑动等径角挤压模具的示意图

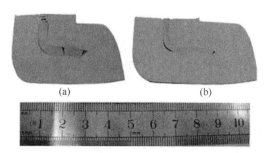

(a)　　　　　　　　　　　　(b)

图 5-4　等径角挤压后样品的横截面

Fe 包套: 直径 30 mm, 长度 50 mm; (a)$Ti_{49.8}Ni_{50.2}$ 合金, 直径 5mm, 长度 40mm; (b)$Ti_{49.8}Ni_{50.2}$ 合金, 直径 3mm, 长度 40mm

与高压扭转相比较, 等径角挤压在晶粒细化方面表现出一定的劣势, 仅能获得尺寸在 200～300nm 的亚微米晶粒；在试样尺寸方面，表现出较强的优势，试样断面直径或对角线一般不超过 20mm，长度为 70～100mm。新近发展的连续等径角技术有望制备更大尺寸的超细晶 TiNi 基合金，为其规模化工程应用提供解决方法。

5.2　等径角挤压钛镍基合金的微观组织

5.2.1　晶粒形貌与尺寸

等径角挤压对 TiNi 基合金显微组织的影响与工艺参数，如挤压道次、挤压温度和初始显微组织等有直接关系。图 5-5 所示为 $Ti_{49.1}Ni_{50.9}$ 合金在不同道次挤压后的透射电子显微像及选区电子衍射花样[15]，挤压温度为 500℃，模具角度为 90°。在剪切力作用下，初始等轴状晶粒演化为细长晶粒，宽度约为 0.5μm；部分拉长晶粒中含有大量位错，如图 5-5(a)所示。经过 4 道次挤压后，拉长的晶粒转变为等轴状晶粒，尺寸约为 0.6μm，如图 5-5(b)所示。继续增加挤压道次到 8，晶粒仍为等轴晶，晶粒尺寸继续减小至 0.3～0.4μm，如图 5-5(c)所示。上述显微组织随挤压道次的演化规律与其他合金体系类似。比较图 5-5(b)与(c)可发现，当挤压道次为 4 时，部分衍射斑点分散在衍射环四周，表明试样中部分晶粒存在取向差；当挤压道次为 8 时，晶界之间表现出更大的取向差。

TiNi 基合金的塑性好，但是其加工硬化率非常高，因此 TiNi 基合金的等径角挤压变形通常在 300～500℃的高温下进行。一般来讲，挤压温度越低，晶粒细化效果越好。这主要是因为变形温度升高，材料中原子热运动变剧烈，变形后材料处于高自由能状态，其向低自由能态转变的趋势增大。同时，过高的变形温度也会导致位错湮灭速度增加，从而使晶粒细化效果变差。图 5-6 所示为不同挤压温度获得的等径角挤压 $Ti_{50.3}Ni_{49.7}$ 合金透射电子显微明场像[16]。当挤压温度为 400℃时，晶粒尺寸约为 100nm。这是目前报道的 TiNi 基合金中利用等径角挤压工艺获得的最小值。当挤压温度升高到 450℃时，晶粒尺寸增加到约 200～300nm。

大量实验已经证实，利用等径角挤压不足以获得晶粒尺寸小于 100nm 的 TiNi 合金。然而，等径角挤压工艺与其他冷变形工艺，如冷轧和冷拔相结合，可以在合金中形成更加细小的位错亚结构，获得纳米晶甚至非晶组织[17]。

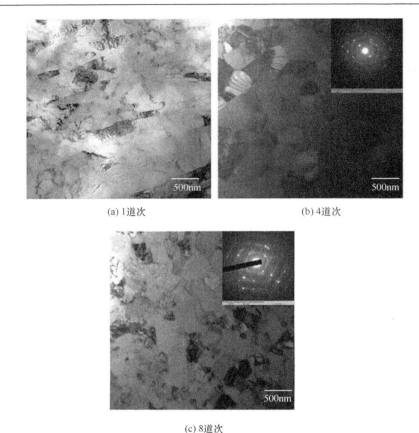

(a) 1道次　　　　　　　　　　　　(b) 4道次

(c) 8道次

图 5-5　等径角挤压不同道次的 $Ti_{49.1}Ni_{50.9}$ 合金的透射电子显微像与选区电子衍射花样

挤压温度为 500℃

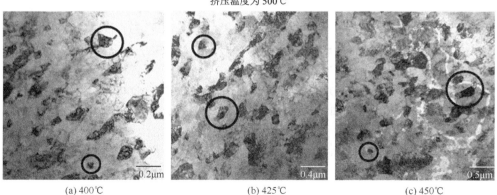

(a) 400℃　　　　　　　　(b) 425℃　　　　　　　　(c) 450℃

图 5-6　等径角挤压温度对 $Ti_{50.3}Ni_{49.7}$ 合金显微组织的影响

挤压路径为 B_c

　　利用各种手段引入第二相是调控 TiNi 基合金性能的重要手段之一。TiNi 基合金中典型的第二相包括 Ti_3Ni_4 相、β-Nb 相等，Ti_3Ni_4 相可以诱发多步马氏体相变、调节马氏体相变温度、强化基体和改善形状记忆特性[18]；β-Nb 相可以极大地增加马氏体相变滞后，获得宽滞后 TiNiNb 合金[19]。等径角挤压过程中第二相同样承受一定的塑性变形，势必影响基体的晶粒细化。图 5-7 所示为初始显微组织中含有不同尺寸 Ti_3Ni_4 相的 $Ti_{49.2}Ni_{50.8}$ 合金在经 8 道次等径角挤压后的透射电子显微像[20]。挤压前，将 $Ti_{49.2}Ni_{50.8}$ 合金分别在 450℃时效处理 10min、60min 和 600min 获得尺寸约为 20nm、38nm 和 100nm 的 Ti_3Ni_4 析出相，之后在 450℃进行等径角挤压变形。可见，图 5-7(a)与(b)中晶粒均为等轴状，尺寸分别为 0.4μm 和 0.24μm。图 5-7(c)中晶粒则为长条状晶粒，宽度约为 0.5μm。这意味着适当尺寸的 Ti_3Ni_4 相尺寸有利于晶粒细化，过大的 Ti_3Ni_4 相则会阻碍晶粒细化。上述影响可能与 Ti_3Ni_4 相回溶有关，有关回溶的研究将在 5.2.3 节中讨论。

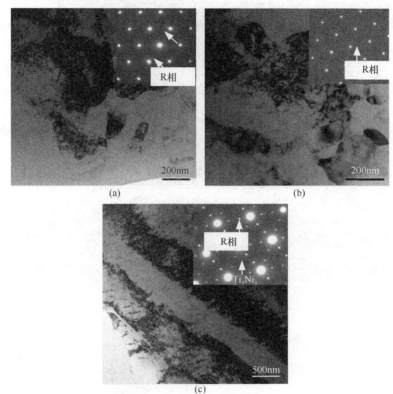

图 5-7　包含不同尺寸 Ti_3Ni_4 相的 $Ti_{49.2}Ni_{50.8}$ 合金在经 8 道次等径角挤压后的透射电子显微像
Ti_3Ni_4 相尺寸约为 20nm(a)、38nm(b)和 100nm(c)

图 5-8 所示为等径角挤压前后 $Ti_{44}Ni_{47}Nb_9$ 合金的显微组织[10, 21]。初始态合金呈现典型的亚共晶特征，其中白色相为 β-Nb 相，黑色相为 (Ti, Nb)$_2$Ni 相，如图 5-8(a)所示。图 5-8(b)为初始态合金的电子背散射衍射像。基体与 β-Nb 相室温下均为体心立方结构，很难通过衍射手段区分。因此结合能谱分析，确定了基体相与

β-Nb 相，发现基体的晶粒尺寸约为 3μm，而 β-Nb 相的晶粒尺寸约为 0.8μm。经等径角挤压处理后，合金中的 β-Nb 相沿挤压方向分布，与轧制后颗粒的分布状态类似。与初始态相比较，等径角挤压后晶粒尺寸急剧细化，如图 5-8(d) 与(e)所示。需要注意的是，不同的区域显示出不同的显微组织特征，在 β-Nb 相富集区域，可观察到部分晶粒仍呈现拉长的形状；而在无 β-Nb 相区域，晶粒均呈现出典型的等轴晶组织。这意味着 β-Nb 相可延缓晶粒细化。

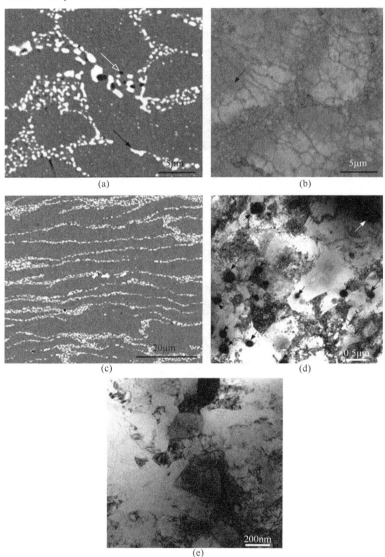

图 5-8　初始态 Ti$_{44}$Ni$_{47}$Nb$_9$ 合金的背散射电子像(a)与背散射衍射像(b)，等径角挤压态合金的背散射电子像(c)和透射电子显微像(d)、(e)

实际应用中, TiNi 基合金需要经过定型处理等工艺才能获得指定形状。定型处理是将合金置于模具中固定, 然后在 300～600℃保温一段时间。因此, 有必要考察超细晶 TiNi 基合金的晶粒尺寸稳定性。已有研究证实[22], 当热处理温度不超过 500℃时, 超细晶 TiNi 合金的晶粒尺寸比较稳定。等径角挤压 $Ti_{49.2}Ni_{50.8}$ 合金在 500℃保温 10h 后, 其晶粒尺寸自 0.22μm 增大至 0.37μm。当热处理温度提高至 600℃, 由于发生了再结晶, 保温 1h 后, 其晶粒尺寸即超过超细晶的尺寸范围。因此, 超细晶 TiNi 基合金的定型温度不宜超过 600℃。

5.2.2　形变孪晶

过量塑性变形可能导致 TiNi 基合金中出现各种新奇的显微组织。图 5-9(a)所示为室温等径角挤压 $Ti_{49.2}Ni_{50.8}$ 合金的透射电子显微像[12, 23]。挤压态合金的显微组织主要特征为宽度300～400 nm 左右的板条, 板条内部分布着宽度不超过 50nm 的薄片, 表现出类似马氏体的典型形貌特征。然而, 选区电子衍射结果表明, 板条内部主要为 B2 母相结构, 如图 5-9(b)所示。

考虑 $Ti_{49.2}Ni_{50.8}$ 合金在室温下为母相状态, 因此其在等径角挤压过程中的变形机制按先后顺序为应力诱发马氏体相变和马氏体的塑性变形或形变孪生。图 5-9(a)中母相形貌类似于马氏体变体并且出现了马氏体的形变孪晶, 因此 Karaman 等推测在等径角挤压过程中由于热诱发或其他原因发生了马氏体到 B2 母相的逆转变[23]。图 5-9 结果显示 B2 母相之间的孪晶关系为${112}_{B2}$型, 根据马氏体相变

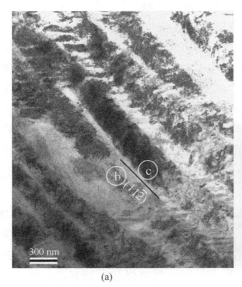
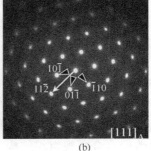

图 5-9　室温等径角挤压 $Ti_{49.2}Ni_{50.8}$ 合金的透射电子显微像(a)及所圈区域的电子衍射谱(b)
电子束平行于$[111]_{B2}$

晶体学理论，{112}$_{B2}$ 对应于 {113}$_{B19'}$，因此如果上述推测成立的话，{113}$_{B19'}$ 应为马氏体的形变孪晶。Zhang 等在含有 GP 区的 TiNi 合金薄膜中观察到了 {113}$_{B19'}$ 形变孪晶[24]，这为上述推测提供了佐证。图 5-10 给出了等径角挤压诱发 B2 母相中形变孪晶机制的示意图[23]。上述推测中仍存在诸多问题需要进一步澄清，如马氏体到母相转变的热力学驱动力、等径角挤压过程中的温升是否足以诱发此逆转变。

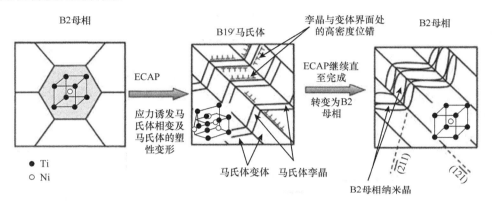

图 5-10 等径角挤压诱发 B2 母相中形变孪晶的形成机制示意图

5.2.3 第二相回溶及析出行为

前文述及，TiNi 合金的等径角挤压通常在 300～500℃ 的高温下进行。在此温度区间，富 Ni 的 TiNi 合金在挤压前的预热过程中，会析出 Ti$_3$Ni$_4$ 相。等径角挤压过程中，第二相与基体之间的热力耦合作用将对第二相和基体的显微组织演化产生重要影响。一方面，由于 Ti$_3$Ni$_4$ 相与基体在成分、尺寸以及力学性能等方面均存在显著差异，将影响 Ti$_3$Ni$_4$ 相的微观状态。其中最典型的现象是 Ti$_3$Ni$_4$ 相回溶[12]。另一方面，其他合金体系，如 Al-Cu 基合金[25, 26]等的研究已经证实，析出相影响基体中位错、晶粒尺寸等微观组织的演化。这一点在 TiNi 合金中尚未引起重视。因此，下文将主要介绍 Ti$_3$Ni$_4$ 相的回溶现象。与其他合金体系的情况相比，Ti$_3$Ni$_4$ 相回溶的影响更为复杂，表现在该现象不仅影响合金的力学行为，而且影响马氏体相变行为。

2005 年，Karaman 等将 Ti$_{49.2}$Ni$_{50.8}$ 合金在 450℃/1h 时效处理过程中形成了尺寸为 200～250nm，与基体不共格的 Ti$_3$Ni$_4$ 相，发现经过随后的等径角挤压处理后，Ti$_3$Ni$_4$ 相消失[12]。这意味着等径角挤压 TiNi 合金通过控制第二相的形貌与分布，可以有效地改变合金微观组织结构。因此，这一现象引起了研究者的极大兴趣。图 5-11(a) 与 (b) 给出了经 450℃ 时效 10min 后 Ti$_{49.2}$Ni$_{50.8}$ 合金的透射电子显微像及相应的选区电子衍射谱。可见，基体中形成了大量析出相。选区电子衍射谱中可观察

到与 Ti_3Ni_4 相对应的 $1/7(321)_{B2}$ 衍射斑点。上述时效处理合金经过等径角挤压后的透射电子显微像及相应的选区电子衍射谱如图 5-7(a)所示[20]。等径角挤压工艺具体如下：挤压温度为 450℃，挤压道次为 8，模具角度为 120°。等径角挤压处理合金的显微组织以细小的等轴晶为主要特征，晶粒尺寸约为 $0.4\mu m$。选区电子衍射结果表明，试样中的 Ti_3Ni_4 相消失。

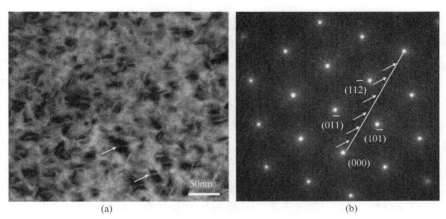

(a)　　　　　　　　　　　　　　　(b)

图 5-11　经 450℃时效 10min 后 $Ti_{49.2}Ni_{50.8}$ 合金的透射电子显微像(a)及对应的选区电子衍射谱(b)可观察到 Ti_3Ni_4 相

有关 Ti_3Ni_4 相回溶，不同的研究人员观察到不同的结果。Fan 等将固溶处理的 $Ti_{49.3}Ni_{50.7}$ 合金在 500℃保温 20min，然后挤压不同道次，透射电子显微观察表明在大部分晶粒内部发生了 Ti_3Ni_4 相回溶[27]。Song 等比较了不同成分 TiNi 合金的显微组织，发现经 500℃挤压不同道次后，$Ti_{49.3}Ni_{50.7}$ 合金中发生了 Ti_3Ni_4 相的完全回溶，$Ti_{49.1}Ni_{50.9}$ 合金中 Ti_3Ni_4 相发生了部分回溶，Ti_2Ni 相未发生回溶[28]。Zhang 等将经 500℃下时效处理 20min 的 $Ti_{49.1}Ni_{50.9}$ 合金在 500℃下挤压不同道次，利用透射电镜在晶界附近观察到 Ti_3Ni_4 相，认为 Ti_3Ni_4 相并没有回溶到基体中[29]。随后他们在晶粒内部位错密集处也观察到 Ti_3Ni_4 相[15]。

为进一步明确等径角挤压过程中 Ti_3Ni_4 相的演化规律，胡阔鹏将 $Ti_{49.2}Ni_{50.8}$ 合金在 450℃时效不同时间，获得不同尺寸的析出相，然后将合金进行等径角挤压处理[20]。表 5-1 总结了上述时效处理合金在等径角挤压前后 Ti_3Ni_4 相的尺寸变化。等径角挤压工艺具体如下：挤压温度为 450℃，挤压道次为 1，模具角度为 120°。可见，当尺寸小于 20nm 时，Ti_3Ni_4 相可完全回溶；当尺寸介于 20nm 与 38nm 时，Ti_3Ni_4 相可发生部分回溶；当尺寸大于 100nm 时，Ti_3Ni_4 相不发生回溶。这与 Karaman 等的结果并不一致，原因可能在于两者采用的具体挤压工艺不同。上述研究结果表明，Ti_3Ni_4 相回溶受挤压工艺参数，如挤压道次、挤压温度等和合金成分、初始析出相尺寸等的影响。

表 5-1　经 450℃时效不同时间的 Ti$_{49.2}$Ni$_{50.8}$ 合金在等径角挤压前后析出相的尺寸

预处理工艺	挤压前 Ti$_3$Ni$_4$ 相尺寸/nm	挤压后 Ti$_3$Ni$_4$ 相尺寸/nm
450℃/10min	20	—
450℃/1h	38	68
450℃/10h	100	160

Karaman 等推测 Ti$_3$Ni$_4$ 相回溶可能是与挤压过程中位错切割第二相有关[12]。根据经典位错理论，位错切过第二相的条件之一是第二相与基体共格。然而，Karaman 等获得的 Ti$_3$Ni$_4$ 相与基体并不共格，并且尺寸较大。Fan 等[27]与 Song 等[28]则认为是等径角挤压在 TiNi 合金基体中引入了大量位错等缺陷，这些缺陷可以为过量 Ni 的扩散提供位置，并且 Ni 原子热活性较高，导致 Ti$_3$Ni$_4$ 相回溶。上述猜测并不能完整地解释 Ti$_3$Ni$_4$ 相回溶的机制，如回溶的驱动力等问题；同时也缺乏细致深入的微观组织的证据。

等径角挤压处理合金的超细晶粒尺寸和高密度位错等缺陷均可能影响第二相的析出行为。已有研究表明[30, 31]，与粗晶合金相比，等径角挤压处理 Ti$_{49.3}$Ni$_{50.7}$ 合金在 400℃时效处理后，合金中 Ti$_3$Ni$_4$ 相的尺寸小很多。具体如表 5-2 所示[30]。需要说明的是，时效过程中粗晶合金和等径角挤压处理合金基体的晶粒尺寸均保持不变。这表明，等径角挤压处理 TiNi 合金独特的显微组织限制了 Ti$_3$Ni$_4$ 相的形核与长大。这与 4.2 节中高压扭转 Ti$_{49.3}$Ni$_{50.7}$ 合金的时效析出行为类似。但与其他合金体系，如 AlZnMgCu 合金中的结果相反[32]，在等径角挤压 AlZnMgCu 合金中，高密度位错等为原子扩散提供通道，随挤压道次增加，析出相尺寸增大。此外，等径角挤压处理 Ti$_{49.2}$Ni$_{50.8}$ 合金在 300～600℃退火处理 30min 后，仅有经 400℃退火处理的试样中出现 Ti$_3$Ni$_4$ 相[33]。

表 5-2　不同状态 Ti$_{49.3}$Ni$_{50.7}$ 合金经 400℃时效处理后的析出相尺寸

	时效工艺	粗晶合金	超细晶合金
	未时效	—	—
Ti$_3$Ni$_4$ 相尺寸	400℃/10h	70nm	50nm
	400℃/100h	140nm	90nm

5.3　等径角挤压钛镍基合金的马氏体相变行为

5.3.1　挤压与退火工艺的影响

TiNi 基合金的马氏体相变行为受等径角挤压所导致的微观组织变化的影响，其突出特征之一是马氏体相变受到抑制，表现为相变温度下降。影响等径角挤压合金微观组织的因素均会影响合金的马氏体相变行为,包括挤压工艺参数和退火处理。图 5-12 所示为 $Ti_{49.1}Ni_{50.9}$ 合金在不同处理后的 DSC 曲线[34]。可见冷却过程中,等径角挤压合金表现出 B2→R→B19′马氏体相变;随挤压道次增加,马氏体相变温度不断下降,而 R 相变温度略有升高。通常认为晶粒尺寸下降和位错等缺陷密度增加导致马氏体相变的弹性应变能与界面能升高,从而使母相到马氏体的转变变得困难。其他挤压工艺参数相同的情况下,路径 A 获得合金的马氏体相变温度要高于路径 Bc 获得的合金[34]。当等径角挤压在较高的温度区间(300~550℃)进行,随挤压温度升高,挤压合金的马氏体相变温度增加[16, 34]。这主要是由于挤压温度升高,等径角挤压合金的晶粒尺寸增大[16]。如果等径角挤压在室温~150℃范围内进行,随挤压温度升高,挤压合金的马氏体相变温度无显著变化,而逆相变温度减小[35]。

退火处理有利于进一步调整或优化等径角挤压合金的显微组织及性能。图 5-13 所示为经不同处理后 $Ti_{49.2}Ni_{50.8}$ 合金的 DSC 曲线[36]。可见,冷却过程中,所有试样均表现出两步的马氏体相变。利用部分 DSC 循环测试可确定冷却过程中试样发生 B2→R→B19′两步相变。部分 DSC 循环测试结果如图 5-13 中插图所示。当退火温度不超过 400℃时,加热过程中试样发生 B19′→R→B2 两步逆相变;当退火温度超过 500℃时,加热过程中试样发生 B19′→B2 一步逆相变。因此,可以根据逆相变顺序将上述试样分为两组,一组为等径角挤压试样及后续退火温度不超过 400℃处理试样,另一组为后续退火温度为 500℃和 600℃ 的试样。

图 5-12 与图 5-13 所示的 DSC 曲线中均表现出一个共同的特征,即等径角挤压处理后 B2→R 的相变区间远远大于时效处理合金。这与冷轧及后续退火处理的 $Ti_{50.4}Ni_{49.6}$ 合金中的情况不同,冷轧处理后 B2→R 相变区间基本保持不变而 R→B19′相变区间变宽[37]。早期认为 B2→R 相变区间宽化是由于晶粒细化和等径角挤压过程中的能量累积造成的[29]。但是 Waitz 等[38]在高压扭转处理 $Ti_{49.7}Ni_{50.3}$ 合金中的结果并不支持此假说。他们利用高压扭转获得非晶的 $Ti_{49.7}Ni_{50.3}$ 合金,然后利用退火处理获得晶粒尺寸为 160nm 的试样,发现超细晶合金中 B2→R 相变区间并未宽化。这表明,晶粒细化并不是造成 B2→R 相变区间宽化的主要因素。从热力学角度来看,冷却过程中的相变区间由弹性应变能决定。等径角挤压过程中引入的位错等缺陷与 B2 母相与 R 相之间的界面相互作用从而增加弹性应变能。

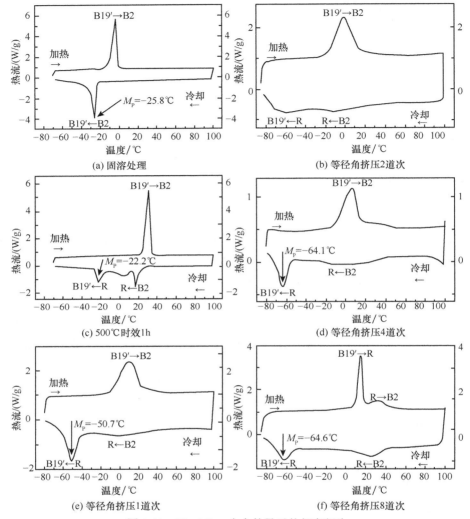

图 5-12　$Ti_{49.1}Ni_{50.9}$ 合金的马氏体相变行为
等径角挤压温度为 500 ℃，挤压路径为 Bc

图5-14所示为退火温度对等径角挤压处理 $Ti_{49.2}Ni_{50.8}$ 合金相变温度的影响[36]。对于第一组试样，随退火温度升高，所有的相变温度均升高。对于第二组试样，随退火温度升高，马氏体相变温度升高，而逆相变温度和 B2→R 相变温度则下降。这与冷轧处理 $Ti_{50.4}Ni_{49.6}$ 合金中的情况类似[37]。上述相变温度的变化主要与退火过程中晶粒尺寸、位错密度以及 Ti_3Ni_4 相的析出有关。

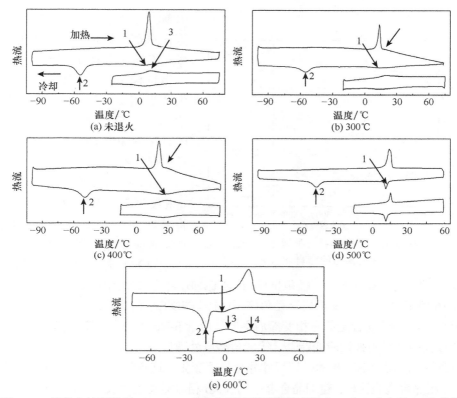

图 5-13　等径角挤压处理 $Ti_{49.2}Ni_{50.8}$ 合金与后续经不同温度退火 30 min 合金的 DSC 曲线

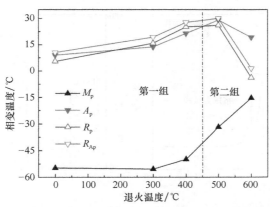

图 5-14　退火温度对等径角挤压处理 $Ti_{49.2}Ni_{50.8}$ 合金相变温度的影响

图 5-15 所示为退火温度对等径角挤压处理 $Ti_{49.2}Ni_{50.8}$ 合金相变滞后的影响[36]。对于第一组试样，相变滞后定义为 R↔B19′相变中 A_f 与 M_s 温度之间的差值。等径角挤压处理 $Ti_{49.2}Ni_{50.8}$ 合金的相变滞后约为 60℃。当退火温度不超过 400℃，随退

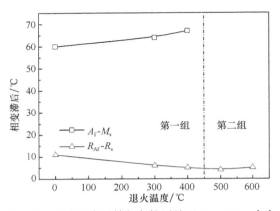

图 5-15　退火温度对等径角挤压处理 Ti$_{49.2}$Ni$_{50.8}$ 合金
相变滞后的影响

火温度升高，相变滞后略有增加。等径角挤压过程中所引入的位错等缺陷导致相变滞后增加。对于第二组试样，由于加热过程中未发生两步相变，不能得出相变滞后的相关数值。随退火温度升高，B2↔R 的相变滞后起初略有下降然后保持不变。

Ti$_{44}$Ni$_{47}$Nb$_9$ 形状记忆合金以宽相变滞后而著称。对于粗晶合金，将其在 M_s+30℃ 变形至 14%～18% 的应变量，则其相变滞后可超过 100℃ 并且保持较高的形状

恢复率[39]。与之相比较，等径角挤压 Ti$_{44}$Ni$_{47}$Nb$_9$ 合金表现出更大的相变滞后，如图 5-16 所示[40]。可见，变形后等径角挤压试样与初始试样在加热过程中均表现出多步逆相变。TiNiNb 合金的宽相变滞后主要是由于 β-Nb 相的塑性变形释放了马氏体相变过程中储存的弹性应变能[41]。等径角挤压处理后，TiNiNb 合金中基体的晶粒尺寸得到细化，而 β-Nb 相的晶粒尺寸并无显著变化。这意味着当合金发生塑性变形时，与粗晶合金相比较，超细晶合金中的 β-Nb 相可能发生更大的塑性变形，从而释放更多的弹性应变能，导致逆相变需要更大的驱动力，表现为逆相变温度升高。

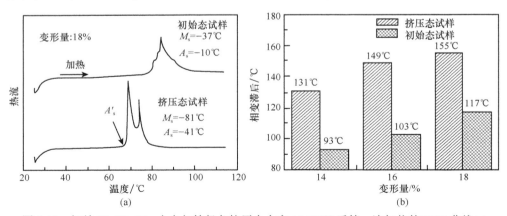

图 5-16　初始 Ti$_{44}$Ni$_{47}$Nb$_9$ 合金与等径角挤压合金在 M_s+30℃后第一次加热的 DSC 曲线(a)
与变形量对相变滞后的影响(b)

5.3.2　热循环的影响

与粗晶合金相比较，等径角挤压 TiNi 合金的另一个特点是大幅改善的马氏体

相变热循环稳定性。图 5-17 比较了热轧与等径角挤压 $Ti_{50.3}Ni_{49.7}$ 合金马氏体相变的热循环稳定性[16]。随热循环次数增加，热轧合金的马氏体相变温度随之下降。这种相变温度的变化在普通粗晶合金中是常见的，为形状记忆合金在驱动器以及相变致冷等方面的应用带来了诸多的问题。经等径角挤压后，合金的 DSC 曲线如图 5-17(b)所示。可见，随热循环次数增加，合金的马氏体相变温度基本保持不变，热循环稳定性得到极大的改善。除二元合金外，等径角挤压 $Ti_{44}Ni_{47}Nb_9$[10]、$Ti_{42.2}Ni_{49.8}Hf_8$[8]与 $Ti_{49.5}Ni_{25}Pd_{25}Sc_{0.5}$[42]合金的马氏体相变均表现出较粗晶合金更加优良的热循环稳定性。

　　热循环对 TiNi 基合金马氏体相变行为的影响主要与循环过程中引入的位错有关[43]，这些位错主要用于补偿相变过程中由于马氏体与母相之间晶格常数的差异而导致的界面失配[44]。根据上述机制，可以认为改善 TiNi 基合金马氏体相变热循环稳定性的途径之一是提高合金的屈服强度。因此，综合利用等径角挤压所赋予的细晶强化和位错强化等方式可以有效提高热循环稳定性。

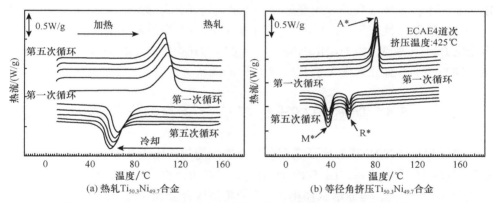

图 5-17　热轧 $Ti_{50.3}Ni_{49.7}$ 合金与等径角挤压 $Ti_{50.3}Ni_{49.7}$ 合金的 DSC 曲线

表明等径角挤压可有效提高马氏体相变的热循环稳定性。合金在 425℃挤压 4 道次，挤压路径为 Bc

　　图 5-18(a)给出了不同热处理后热循环次数对等径角挤压 $Ti_{49.2}Ni_{50.8}$ 合金马氏体相变峰值温度(M_p)的影响[44]。可见，当热处理温度低于 500℃时，M_p 温度基本不随热循环次数变化而变化。当热处理温度为 600℃时，M_p 温度随热循环次数增加而下降，这与粗晶合金中的变化规律一致。图 5-18(b)所示为不同热处理对等径角挤压 $Ti_{49.2}Ni_{50.8}$ 合金晶粒尺寸与应力诱发马氏体屈服强度的影响。结合图 5-18(a)，可以推测存在一介于 0.4～3μm 之间的临界晶粒尺寸，当 TiNi 合金的晶粒尺寸小于此临界尺寸，合金的马氏体相变具有优异的热循环稳定性。已有的研究支持上述结论，例如，晶粒尺寸为 0.2～0.3μm 的 $Ti_{50.3}Ni_{49.7}$ 合金[16]与 0.3～0.5μm 的 $Ti_{42.2}Ni_{49.8}Hf_8$ 合金[8]均表现出良好的相变热循环稳定性。

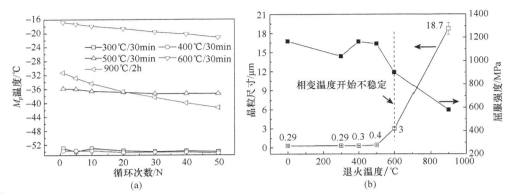

图 5-18　等径角挤压 Ti$_{49.2}$Ni$_{50.8}$ 合金在经历不同热处理后的 M_p 温度与热循环次数之间的关系(a)
与热处理温度对晶粒尺寸和应力诱发马氏体屈服强度的影响(b)
合金在 450 ℃挤压 8 道次, 挤压路径为 Bc

等径角挤压对 TiNi 合金马氏体相变行为的影响可以归纳为以下 4 点: ①诱发 B2→R 相变; ②降低马氏体相变温度; ③增大马氏体相变滞后; ④改善马氏体相变的热循环稳定性。需要注意的是, 等径角挤压并不能诱发三元甚至四元 TiNi 基合金的 B2→R 相变, 如 Ti$_{44}$Ni$_{47}$Nb$_9$[10]、Ti$_{42.2}$Ni$_{49.8}$Hf$_8$[8]与 Ti$_{49.5}$Ni$_{25}$Pd$_{25}$Sc$_{0.5}$[42]合金。这可能与添加合金元素增大了 B2→R 相变的能量势垒有关。

5.4　等径角挤压钛镍基合金的力学性能

等径角挤压 TiNi 基形状记忆合金的力学性能与挤压工艺参数, 如挤压道次和挤压温度等有很大关系。图 5-19 所示为不同挤压道次后 Ti$_{49.4}$Ni$_{50.6}$ 合金的应力-应变曲线[17]。可见, 与固溶试样相比, 等径角挤压合金表现出更高的屈服强度, 并且随挤压道次增加, 屈服强度增加, 但延伸率减小。这与其他合金体系的结果类似。等径角挤压与其他变形工艺, 如冷轧等相结合可进一步将屈服强度提高至 1.9GPa 左右[45]。图 5-20 给出了不同挤压温度下获得的 Ti$_{50.3}$Ni$_{49.7}$ 合金的应力-应变曲线[16]。随挤压温度降低, 合金的屈服强度升高。这与挤压温度较低, 合金的晶粒尺寸较小有关。等径角挤压处理后, 合金诱发马氏体相变的临界应力降低, 屈服强度升高, 导致屈服强度与诱发马氏体相变临界应力之间的差值增大。这有利于提高合金的循环稳定性。比较图 5-19 与图 5-20 可发现, 等径角挤压对诱发马氏体相变临界应力的影响不同, 这主要和两者的测试条件有关, 前者在室温测试, 试样处于不同的热力学状态, 后者为避免此问题, 将测试温度选定在 M_s+15℃。

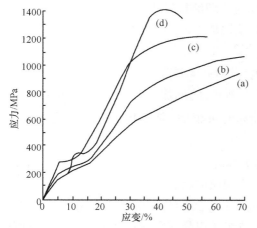

图 5-19　Ti$_{49.4}$Ni$_{50.6}$ 合金的应力-应变曲线

(a) 固溶态; (b) 450℃挤压 1 道次; (c) 450℃挤压 4 道次;

(d) 450℃挤压 12 道次

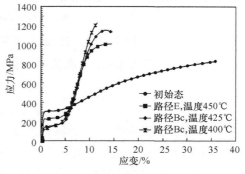

图 5-20　热轧与等径角挤压处理 Ti$_{50.3}$Ni$_{49.7}$

合金的应力-应变曲线

挤压道次为 4; 测试温度为 M_s+15℃

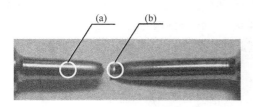

图 5-21　Ti$_{49.4}$Ni$_{50.6}$ 合金拉伸断裂后的宏观照片

试样尺寸为 ϕ3mm×15mm

(a) 均匀变形区域; (b) 颈缩区域

承受拉伸变形的等径角挤压 TiNi 合金同样会发生颈缩现象,如图 5-21 所示[46]。对图 5-21 中的不同区域进行微观组织观察,可发现在均匀变形区域(a),等径角挤压试样表现为单一的 B2 母相(如图 5-22(a)所示[46]),而粗晶试样则表现为 B2 母相与 B19′的混合组织。这意味着挤压试样在变形过程中发生应力诱发马氏体相变,在此区域的等径角挤压试样完全回复到 B2 母相,而粗晶试样可能由于变形过程中引入的位错对马氏体有一定的稳定作用,从而部分马氏体不能回复到母相。在颈缩区域,等径角挤压试样几乎全部转变为马氏体,同时含有高密度的位错, 如图 5-22(b)所示[46]。

(a) 均匀变形区域(变形至40%)

(b) 颈缩区域

图 5-22　拉伸变形后等径角挤压试样不同区域的透射电镜明场像

　　应变速率敏感系数与对应的激活体积对于理解材料在不同温度下的塑性变形机理具有重要意义，同时也能指导材料的塑性加工。实验中常采用应变速率突变方法确定应变速率敏感系数(m)，如下式计算[47]：

$$m = \lg(\sigma_2 / \sigma_1) / \lg(\varepsilon_2' / \varepsilon_1') \tag{5-2}$$

其中，σ_1 为应变速率为 ε_1' (应变速率突变前)时的屈服应力；σ_2 为应变速率为 ε_2' (应变速率突变后)时的屈服应力。在计算出 m 值后，激活体积(V)可采用下式估算[47, 48]：

$$V = \sqrt{3}kT / m\sigma \tag{5-3}$$

其中，k 为玻耳兹曼常量；T 为测试温度；σ 为屈服应力。

　　图 5-23 比较了粗晶与等径角挤压 $Ti_{49.4}Ni_{50.6}$ 合金的应力-时间曲线[47]。实验中，将应变速率自 $10^{-3}s^{-1}$ 降至 $10^{-4}s^{-1}$。表 5-3 总结了粗晶与等径角挤压 TiNi 合金的力学测试结果[47]。随测试温度升高，m 值增加；等径角挤压 TiNi 合金的 m 值约为粗晶合金的 1.5～3 倍，然而其 V 值低于粗晶合金。根据 Rodriguez 的研究，不同的 V 值对应不同的塑性变形机制[48]。如果 V 值在 10～100b^3，塑性变形时位错在晶界的湮灭将起主导作用；如果 V 值在 100～1000b^3，位错滑移将控制塑性变形机制，其中 b 为柏格斯矢量的大小。在 25～400℃ 范围内，等径角挤压 TiNi 合金与粗晶合金的 V 值分别介于 20～120b^3 与 100～400b^3，因此它们的塑性变形的机制是不同的。

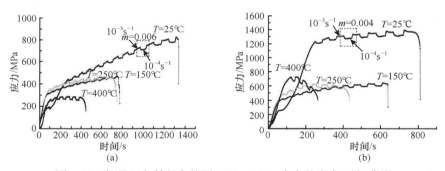

图 5-23　粗晶(a)与等径角挤压(b)$Ti_{49.4}Ni_{50.6}$ 合金的应力-时间曲线

表 5-3　不同状态 $Ti_{50}Ni_{50}$ 合金与 $Ti_{49.4}Ni_{50.6}$ 合金的力学测试结果

合金/状态	温度/℃	YS/MPa	UTS/MPa	δ/%	m	V/b^3
$Ti_{50}Ni_{50}$/粗晶	25	430	823	59	0.004	169
	150	377	494	36	0.004	419
	250	364	471	35	0.01	461
	400	287	318	17	0.03	119

续表

合金/状态	温度/℃	YS/MPa	UTS/MPa	δ/%	m	V/b^3
$Ti_{50}Ni_{50}$/ECAP	25	870	1012	38	0.007	52
	150	584	831	27	0.01	1.54
	250	598	720	19	0.02	77
	400	703	736	4	0.05	30
$Ti_{49.4}Ni_{50.6}$/粗晶	25	477	945	30	0.002	269
	150	552	768	15	0.003	319
	250	597	792	15	0.004	284
	400	543	626	11	0.004	604
$Ti_{49.4}Ni_{50.6}$/ECAP	25	1160	1256	18	0.006	121
	150	906	1159	8	0.007	119
	250	948	1094	10	0.007	105
	400	1020	1091	8	0.012	99

表 5-3 结果还表明, 超细晶 TiNi 合金在高温下仍能保持较高的强度。考虑超细晶 TiNi 合金具有高的晶粒尺寸稳定性, 例如, 等径角挤压处理的 $Ti_{49.2}Ni_{50.8}$ 合金在 500℃保温 10h, 晶粒尺寸仍小于 400nm。这意味着除作为形状记忆合金使用外, 超细晶 TiNi 合金也可作为高温结构材料。

5.5　等径角挤压钛镍基合金的形状恢复特性

5.5.1　形状记忆效应

根据图 1-7 可知, 改善形状记忆效应与超弹性的根本原理在于采用各种物理冶金手段提高合金的临界滑移应力。等径角挤压所导致的晶粒细化与引入的高密度位错均可以实现上述目的。图 5-24 所示为热轧与等径角挤压处理 $Ti_{50.3}Ni_{49.7}$ 合金中拉伸应力与相变应变和不可恢复应变之间的关系[16]。可见, 热轧试样的相变应变要大于等径角挤压试样。当拉伸应力为 250MPa 时, 后者的相变应变可达 4.5%, 之后基本保持不变。热轧试样的不可恢复应变随拉伸应力增大而持续增大。比较而言, 等径角挤压试样的不可恢复应变远小于热轧试样。当拉伸应力为 200 MPa 时, 400℃挤压试样才表现出微弱的不可恢复应变。这主要是因为等径角挤压导致晶粒细化, 从而提高了合金的临界滑移应力。Kockar 等比较了经冷轧后退火处理的 $Ti_{50.27}Ni_{49.73}$ 合金与等径角挤压合金的形状记忆效应, 获得了类似的结论[49]。图 5-25 所示为上述合金中拉伸应力对热滞后的影响[16]。可见, 热轧试样的热滞后随拉伸应力增大而迅速增加, 而等径角挤压试样的热滞后变化较小, 特别是在拉伸应力超过 100MPa 后。

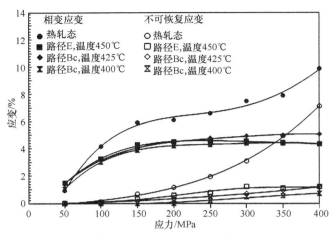

图 5-24　热轧与等径角挤压处理 $Ti_{50.3}Ni_{49.7}$ 合金中拉伸应力对相变应变和不可恢复应变的影响

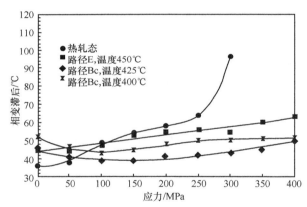

图 5-25　热轧与等径角挤压处理 $Ti_{50.3}Ni_{49.7}$ 合金中拉伸应力与相变滞后之间的关系

图 5-26 给出了温度对热轧与等径角挤压处理 $Ti_{50.3}Ni_{49.7}$ 合金中马氏体再取向临界应力、诱发马氏体相变临界应力和母相强度的影响[16]。马氏体再取向临界应力和母相强度均与测试温度是负相关的，将第二阶段直线与第三阶段直线延长相交，可近似得到诱发马氏体相变的最大应力（σ_{SIM}^{max}）。可见，合金诱发马氏体相变的最大应力随挤压温度降低而增大。将第二阶段直线与第一阶段直线相交，可近似得到诱发马氏体相变的最小应力（σ_{SIM}^{min}）。诱发马氏体相变的临界应力则与测试温度是正相关的，它们之间的关系符合克劳修斯-克拉珀龙方程。热轧、400℃挤压和425℃挤压试样的 $d\sigma / dT$ 分别为 7.5MPa/℃、8.1MPa/℃和 9.4MPa/℃。将第二阶段的直线延长与 X 轴相交，交点即为无应力状态下合金的马氏体相变温度（M_s）。这种方法常用于分析相变区间非常大，以致难以从热分析曲线获得 M_s 温度的合金，

如 TiNb 基合金的相变行为[50]。

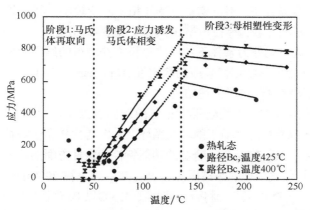

图 5-26　温度对热轧与等径角挤压处理 $Ti_{50.3}Ni_{49.7}$ 合金中马氏体再取向临界应力、诱发马氏体相变临界应力和母相强度的影响

图 5-27 比较了热循环对不同状态 $Ti_{50.3}Ni_{49.7}$ 合金不可恢复应变的影响，外加应力为 150MPa[16]。随循环次数的增加，所有试样的不可恢复应变均减小。热循环 10 次后，热轧与等径角挤压试样的不可恢复应变分别为 0.3% 和 0，其中 400℃ 挤压试样在循环 3 次后不可恢复应变即减小到 0，意味着等径角挤压试样不需要过多训练即可获得稳定的形状记忆效应。

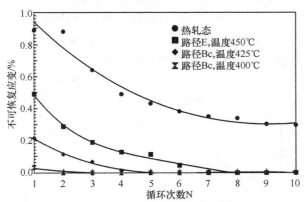

图 5-27　热轧与等径角挤压 $Ti_{50.3}Ni_{49.7}$ 合金中循环次数与不可恢复应变之间的关系
外加应力为 150MPa

热循环时，等径角挤压 $Ti_{50.3}Ni_{49.7}$ 合金的一个有趣现象是其相变滞后随应力增大而减小，这与热轧试样的变化规律相反[16]。随循环次数增加，等径角挤压合金的相变滞后基本不发生变化或略有增大，这取决于外加应力的大小。热轧试样的相变滞后则随热循环次数增加而减小。

　　上述等径角挤压对 TiNi 合金形状记忆效应的影响可以归纳如下：①相同外加应力或热循环次数条件下，不可恢复应变与相变应变较小。②当外加应力超过某一数值，与热轧试样相比较，等径角挤压试样的相变滞后减小，之后随应力增加相变滞后基本不变。这与无外力条件下利用热分析方法测得的结果相反[36]。③等径角挤压显著增强 TiNi 合金形状记忆效应的稳定性。Karaman 等对 $Ti_{42.2}Ni_{49.8}Hf_8$[8]、TiNiPd 系[9, 42]等合金的研究也证实了上述结论。

　　热机械训练是一类获得稳定形状记忆效应的有效手段[51]，主要包括在 A_f 温度以上的应力循环或者恒定载荷下的相变循环。Atli 等比较了恒载荷下的相变循环与等径角挤压在改善 $Ti_{50.5}Ni_{24.5}Pd_{25}$ 合金的功能特性稳定性方面的效果[52]。热机械训练工艺如下：经过均匀化处理的热挤压 $Ti_{50.5}Ni_{24.5}Pd_{25}$ 合金在 200MPa 应力下进行 10 次的相变循环。等径角挤压工艺为将合金棒材在 425℃以 B_c 路径挤压 4 道次，挤压速率为 0.127mm/s。图 5-28 比较了初始态、热机械训练后和等径角挤压处理合金在不同外加应力下的恢复应变与不可恢复应变[52]。可见，初始态试样在不同外加应力下均表现出最大的不可恢复应变，这主要是因为在循环过程中引入了塑性变形。等径角挤压合金在不同外加应力下均显示出最小的不可恢复应变，表明等径角挤压在改善功能特性方面效果最好。这主要与等径角挤压所产生的高密度位错和晶粒细化有关。热机械训练同样可以改善合金的功能特性，但效果要略差于等径角挤压。实际应用过程中，可以结合等径角挤压与热机械训练对马氏体相变温度的影响以及具体的使用要求，选择适当的工艺改善 TiNi 基合金的功能特性及其稳定性。

　　适当的热处理可进一步改善等径角挤压合金的形状恢复特性[53, 54]。Shahmir 等将 $Ti_{50.2}Ni_{49.8}$ 合金在室温等径角挤压 1 道次后，在 400℃进行了不同时间的热处理[54]，发现形状恢复应变自 5.1%提高到 6.9%(总应变量为 8%)。

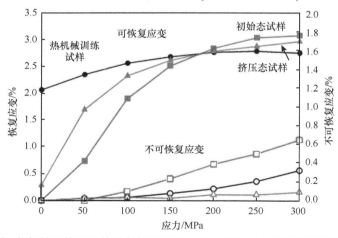

图 5-28　初始态、热机械训练后和等径角挤压后 $Ti_{50.5}Ni_{24.5}Pd_{25}$ 合金的恢复应变与不可恢复应变随外加应力的变化曲线

等径角挤压 TiNi 基合金经过适当训练后可表现出优异的双程形状记忆效应，在这方面，TiNiHf 合金是一个典型例子。将 $Ti_{42.2}Ni_{49.8}Hf_8$ 合金在 650℃以 C 路径挤压 2 道次，然后在 200MPa 下进行 10 次热循环，即可获得约 1.5%的双程形状记忆应变[8]，如图 5-29 所示。

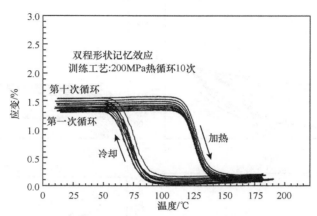

图 5-29　等径角挤压 $Ti_{42.2}Ni_{49.8}Hf_8$ 合金的应变-温度曲线
外加应力为 0MPa。训练工艺为：200 MPa 下 10 次热循环

5.5.2　超弹性及其稳定性

等径角挤压显著改善 TiNi 基合金的超弹性，尤其在提高其循环变形稳定性方面。图 5-30 所示为固溶处理与等径角挤压不同道次的 $Ti_{49.1}Ni_{50.9}$ 合金的应力-应变曲线[55]。所有试样在室温循环变形 10 次，均表现出较好的超弹性。对于固溶态试样，随循环变形次数增加，诱发马氏体相变的临界应力与应力滞后均降低，应力平台的斜率与残余应变增加。等径角挤压合金的应力-应变曲线表现出如下特征：残余应变减小；诱发马氏体相变的临界应力仍随循环次数增加而下降，但下降幅度变小。与固溶态试样相比，等径角挤压试样表现出更小的残余应变，但是第一次变形时，诱发马氏体相变的临界应力没有显著变化。随挤压道次增加，合金的超弹性变得更加稳定。当挤压 8 道次后，合金表现出 6%的完全可恢复变形。良好的热循环稳定性使合金在相变致冷领域表现出广阔的应用前景。

等径角挤压后 TiNi 合金的超弹性及其循环稳定性可以通过后续处理进一步优化。图 5-31 所示为退火温度对等径角挤压 $Ti_{49.2}Ni_{50.8}$ 合金在循环变形时残余应变的影响[33]。退火时间为 30min，循环变形次数为 40。随循环变形次数增加，经 600℃处理试样的残余应变迅速增大，当循环次数大于 8 次，残余应变基本不再发生变化。这主要与该温度退火导致合金晶粒长大有关。其余试样在循环次数达到 30 次时，残余应变才基本保持不变。经 400℃处理试样表现出最小的残余应变。

这主要是因为 400℃退火处理一方面不能使晶粒长大, 另一方面可以在晶粒内析出 Ti_3Ni_4 相, 两种强化作用共同提高了试样的屈服应力与诱发马氏体相变临界应力之间的差值, 从而使该试样表现出最好的循环稳定性。

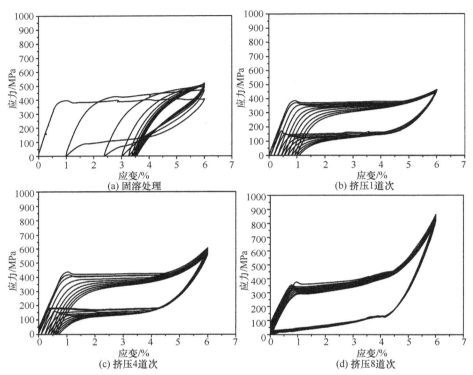

图 5-30 $Ti_{49.1}Ni_{50.9}$ 合金在等径角挤压前后的超弹性应力-应变曲线

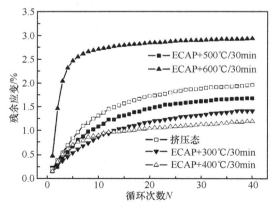

图 5-31 循环变形次数对不同状态 $Ti_{49.2}Ni_{50.8}$ 合金残余应变的影响

5.6 等径角挤压钛镍基合金的生物相容性

5.6.1 腐蚀行为

当晶粒尺寸减小到亚微米或纳米量级，可以作为原子快速扩散通道的晶界数量大幅增加，材料内部原子扩散显著加快[56]，进而导致合金表面更容易形成氧化膜，并且氧化膜更加致密。4.5 节已经证实纳米晶 TiNi 合金表现出较非晶和微米晶更好的腐蚀抗力。图 5-32 比较了等径角挤压处理前的微米晶与超细晶 $Ti_{49.2}Ni_{50.8}$ 合金的电化学腐蚀曲线[57]。腐蚀试验在模拟体液中进行。比较两者的开路电位可发现，超细晶合金表面的氧化膜更加稳定，保护基体作用明显。进一步比较两者的腐蚀电位、腐蚀电流与点蚀电位均说明，超细晶合金的抗腐蚀能力得到提高，具体结果如图 5-32(b)所示。对两种合金腐蚀后的表面形貌进行观察，两者表面的腐蚀面积基本相当，但超细晶合金表面以浅度腐蚀坑为主，粗晶合金表面的腐蚀坑较深，发生了严重点蚀。

对浸泡后的微米晶与超细晶 $Ti_{49.2}Ni_{50.8}$ 合金表面的化学组成进行分析表明[57]，超细晶合金表面具有更高的 O 含量，氧化膜更加致密。同时超细晶合金表面检测到 Ca 和 P，且 Ca/P 约为 1.6，说明有类似羟基磷灰石的物质沉积在材料表面；微米晶合金表面则未检测到 Ca 和 P，这表明等径角挤压制备的超细晶材料具有一定的生物活性。

图 5-33 比较了超细晶与微米晶 $Ti_{49.2}Ni_{50.8}$ 合金在模拟体液浸泡 28d 后的 Ni 离子释放量[57]。可见，两者在浸泡初期均出现较高的 Ni 离子释放量，即存在暴释现象。浸泡 7 天和 14 天后，Ni 离子释放量减小；浸泡 28 天后，释放量再次增大。整个过程中 Ni 离子释放量均低于仪器的检测限，远小于产生细胞毒性和致敏阈值浓度(2.8μg/mL)。

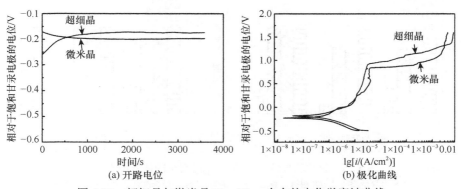

(a) 开路电位　　　　(b) 极化曲线

图 5-32　超细晶与微米晶 $Ti_{49.2}Ni_{50.8}$ 合金的电化学腐蚀曲线

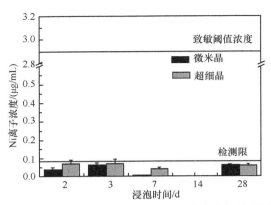

图 5-33　超细晶与微米晶 $Ti_{49.2}Ni_{50.8}$ 合金在模拟体液浸泡后的 Ni 离子释放量

5.6.2　体外蛋白和细胞活性

生物材料植入体内后，通常认为血细胞是与吸附在材料表面的蛋白质层相互作用的，因此，对 TiNi 合金蛋白吸附能力的评价就尤为重要。TiNi 合金植入生物体内后，在很短时间内即可发生蛋白吸附。已有研究证实，超细晶 TiNi 基合金的蛋白吸附能力与微米晶合金无显著性差异。聂飞龙比较了胎牛血清白蛋白在超细晶与微米晶 $Ti_{49.2}Ni_{50.8}$ 合金表面的吸附能力，实验中采用细胞培养板作为阴性对照，发现 24h 后，两种合金表面的蛋白吸附率均为 70%左右，高于阴性对照组[57]。

图 5-34 比较了成骨细胞 MG63 与成纤维细胞 L929 和微米晶与超细晶 $Ti_{49.2}Ni_{50.8}$ 合金的细胞毒性结果[57]。对于成骨细胞，两种合金均对细胞增殖有正面的刺激作用。培养 4d 时，超细晶合金组的细胞增殖率超过 100%，优于微米晶合金组。对于成纤维细胞，培养 4d 时，两组合金的细胞增殖率无显著性差异，仍在 75%以上，意味着无细胞毒性。上述两种细胞在两组合金表面的黏附与铺展形貌观察也与图 5-34 的结果一致。

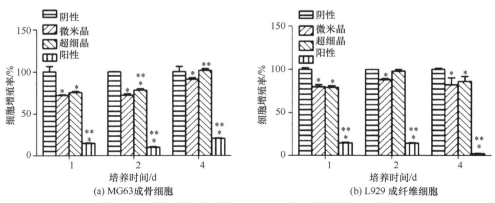

(a) MG63成骨细胞　　　　　　　　　(b) L929 成纤维细胞

图 5-34　超细晶与微米晶 $Ti_{49.2}Ni_{50.8}$ 合金的体外细胞毒性

单星号表示跟阴性对照组有显著性差异，双星号表示跟微米晶合金组有显著性差异

图 5-35 比较了超细晶与微米晶 $Ti_{49.2}Ni_{50.8}$ 合金在成骨细胞功能化后期的刺激

效果[57]。在细胞分化期，如图 5-35(a)所示，随时间延长，碱性磷酸酶的活性增强，整个过程碱性磷酸酶的活性表达远高于同期微米晶合金组。这种差异随时间延长而增加，在 21d 时最为显著。通常采用茜素红释放量来标志细胞矿化能力。图 5-35(b)的数据表明，21d 时，超细晶 $Ti_{49.2}Ni_{50.8}$ 合金的矿化能力优于微米晶合金，与阴性对照组接近，表明合金表面有更多的类骨钙磷节点分泌和沉积。

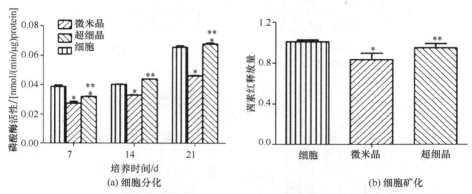

图 5-35　超细晶与微米晶 $Ti_{49.2}Ni_{50.8}$ 合金对成骨细胞功能化刺激
单星号表示跟阴性对照组有显著性差异，双星号表示跟微米晶合金组有显著性差异

5.6.3　骨形成能力

超细晶 TiNi 合金的体外生物相容性在某些方面优于粗晶合金，如抗腐蚀能力、一定的生物活性等，因此有必要继续考察其植入动物体内后的骨形成能力。聂飞龙将超细晶 $Ti_{49.2}Ni_{50.8}$ 合金植入成年的比格犬体内，获得了表征新骨形成能力的三个参数，骨矿化密度、骨体积分数和骨小梁数量与时间的关系，如图 5-36 所示[57]。可见，上述参数均随时间延长而逐渐增大，到 4 周时达到最大值，之后随时间延长呈下降趋势。这表明，在植入前期(4 周内)，合金周围的成骨细胞被激活，增殖和新骨形成能力强，此时成骨作用占主导地位；在 4 周后，多核的破骨细胞被激活，开始参与新骨改建过程。此时，骨形成和骨吸收现象同时进行，相互制约，因此骨密度和骨体积分数略有下降。骨改建时期，新骨由早期形核的骨元单元、骨瘤节点和未成熟的编织骨向成熟的骨小梁结构转变，因此骨小梁厚度呈现先升高后降低的现象。

免疫组化切片观察表明[57]，植入物与新骨之间是骨直接接触式的骨整合作用。在超细晶 $Ti_{49.2}Ni_{50.8}$ 合金植入物周围，早期有着明显高于微米晶组的深蓝色新骨形成和聚集、骨量数目的快速增加和骨结构成熟转变，经 12 周即可完成整个骨改建过程，说明超细晶合金在体内植入实验中表现出较好的骨愈合和骨诱导作用。

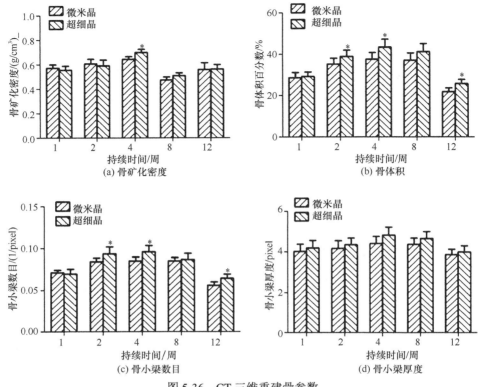

图 5-36　CT 三维重建骨参数

星号表示和微米晶 $Ti_{49.2}Ni_{50.8}$ 合金对照组有显著性差异 $P<0.05$

参 考 文 献

[1] Pushin V G, Stolyarov V V, Valiev R Z, et al. Development of methods of severe plastic deformation for the production of high-strength alloys based on titanium nickelide with a shape-memory effect. Physics of Metals and Metallography, 2002, 94(161): S54-S68.

[2] Pushin V G, Stolyarov V V, Valiev R Z, et al. Features of structure and phase transformations in shape memory TiNi-based alloys after severe plastic deformation. Annales de Chimie: Science des Materiaux, 2002, (3): 77-88.

[3] Estrin Y, Vinogradov A. Extreme grain refinement by severe plastic deformation: A wealth of challenging science. Acta Materialia, 2013, 61(3): 782-817.

[4] Raab G I, Valiev R Z, Gunderov D V, et al. Long-length ultrafine-grained titanium rods produced by ECAP-conform. Materials Science Forum, 2008, 584-586: 80-85.

[5] Jiang S Y, Zhao Y N, Zhang Y Q, et al. Equal channel angular extrusion of NiTi shape memory alloy tube. Transactions of Nonferrous Metals Society of China, 2013, 23(7): 2021-2028.

[6] Valiev R Z, Islamgaliev R K, Alexandrov I V. Bulk nanostructured materials from severe plastic deformation. Progress in Materials Science, 2000, 45(2): 103-189.

[7] Valiev R Z, Korznikov A V, Mulyukov R R. Structure and properties of ultrafine-grained materials produced by severe plastic deformation. Materials Science and Engineering: A, 1993, 168(2):

141-148.

[8] Kockar B, Karaman I, Kim J I, et al. A method to enhance cyclic reversibility of NiTiHf high temperature shape memory alloys. Scripta Materialia, 2006, 54(12): 2203-2208.

[9] Kockar B, Atli K C, Ma J, et al. Role of severe plastic deformation on the cyclic reversibility of a $Ti_{50.3}Ni_{33.7}Pd_{16}$ high temperature shape memory alloy. Acta Materialia, 2010, 58(19): 6411-6420.

[10] Tong Y X, Jiang P C, Chen F, et al. Microstructure and martensitic transformation of an ultrafine-grained TiNiNb shape memory alloy processed by equal channel angular pressing. Intermetallics, 2014, 49(4): 81-86.

[11] Valiev R Z, Langdon T G. Principles of equal-channel angular pressing as a processing tool for grain refinement. Progress in Materials Science, 2006, 51(7): 881-981.

[12] Karaman I, Kulkarni A V, Luo Z P. Transformation behaviour and unusual twinning in a NiTi shape memory alloy ausformed using equal channel angular extrusion. Philosophical Magazine, 2005, 85(16): 1729-1745.

[13] Segal V M. Engineering and commercialization of equal channel angular extrusion(ECAE). Materials Science and Engineering: A, 2004, 386(1-2): 269-276.

[14] Shahmir H, Nili-Ahmadabadi M, Mansouri-Arani M, et al. The processing of NiTi shape memory alloys by equal-channel angular pressing at room temperature. Materials Science and Engineering: A, 2013, 576(8): 178-184.

[15] Zhang X, Song J, Huang C, et al. Microstructures evolution and phase transformation behaviors of Ni-rich TiNi shape memory alloys after equal channel angular extrusion. Journal of Alloys and Compounds, 2011, 509(6): 3006-3012.

[16] Kockar B, Karaman I, Kim J I, et al. Thermomechanical cyclic response of an ultrafine-grained NiTi shape memory alloy. Acta Materialia, 2008, 56(14): 3630-3646.

[17] Pushin V G, Stolyarov V V, Valiev R Z, et al. Nanostructured TiNi-based shape memory alloys processed by severe plastic deformation. Materials Science and Engineering A, 2005, 410-411: 386-389.

[18] Zheng Y, Jiang F, Li L, et al. Effect of ageing treatment on the transformation behaviour of Ti–50.9 at.% Ni alloy. Acta Materialia, 2008, 410(12): 736-745.

[19] Wang Y, Zheng Y F, Tong Y X, et al. Microstructure and martensitic transformation of TiNiNbB shape memory alloys. Intermetallics, 2015, 64: 32-36.

[20] 胡阔鹏. 初始显微组织对等径角挤压 TiNi 合金马氏体相变行为的影响.哈尔滨: 哈尔滨工程大学硕士学位论文, 2016.

[21] 蒋鹏程. 超细晶 TiNiNb 形状记忆合金的显微组织与马氏体相变行为.哈尔滨: 哈尔滨工程大学硕士学位论文, 2014.

[22] 刘珺婷. 超细晶 TiNi 合金的晶粒尺寸稳定性与马氏体相变行为研究.哈尔滨: 哈尔滨工程大学硕士学位论文, 2016.

[23] Karaman I, Yapici G G, Chumlyakov Y I, et al. Deformation twinning in difficult-to-work alloys during severe plastic deformation. Materials Science and Engineering A, 2005, 410-411(12): 243-247.

[24] Zhang J X, Sato M, Ishida A. Structure of martensite in sputter-deposited Ti-Ni thin films containing Guinier–Preston zones. Acta Materialia, 2001, 49(49): 3001-3010.

[25] Yang B, Zhou Y T, Chen D, et al. Local decomposition induced by dislocation motions inside precipitates in an Al-alloy. Scientific Reports, 2013, 3: 1039.

[26] Liu Z, Bai S, Zhou X, et al. On strain-induced dissolution of θ′ and θ particles in Al-Cu binary alloy during equal channel angular pressing. Materials Science and Engineering: A, 2011, 528(6): 2217-2222.

[27] Fan Z, Song J, Zhang X, et al. Phase transformations and super-elasticity of a Ni-rich TiNi alloy with ultrafine-grained structure. Materials Science Forum, 2011, 667-669: 1137-1142.

[28] Song J, Wang L M, Zhang X N, et al. Effects of second phases on mechanical properties and martensitic transformations of ECAPed TiNi and Ti-Mo based shape memory alloys. Transactions of Nonferrous Metals Society of China, 2012, 22(8): 1839-1848.

[29] Zhang X, Xia B, Song J, et al. Effects of equal channel angular extrusion and aging treatment on R phase transformation behaviors and Ti_3Ni_4 precipitates of Ni-rich TiNi alloys. Journal of Alloys and Compounds, 2011, 509: 6296-6301.

[30] Prokofiev E A, Burow J A, Payton E J, et al. Suppression of Ni_4Ti_3 precipitation by grain size refinement in Ni-rich NiTi shape memory alloys. Advanced Engineering Materials, 2010, 12(8): 747-753.

[31] Prokofiev E, Burow J, Frenzel J, et al. Phase transformations and functional properties of NiTi alloy with ultrafine-grained structure. Materials Science Forum, 2011, 667-669(3): 1059-1064.

[32] Sha G, Wang Y B, Liao X Z, et al. Influence of equal-channel angular pressing on precipitation in an Al-Zn-Mg-Cu alloy. Acta Materialia, 2009, 57(10): 3123-3132.

[33] Tong Y X, Chen F, Guo B, et al. Superelasticity and its stability of an ultrafine-grained $Ti_{49.2}Ni_{50.8}$ shape memory alloy processed by equal channel angular pressing. Materials Science and Engineering A, 2013, 587: 61-64.

[34] Fan Z, Xie C. Phase transformation behaviors of Ti-50.9 at.% Ni alloy after equal channel angular extrusion. Materials Letters, 2008, 62(6-7): 800-803.

[35] Karaman I, Ersin Karaca H, Maier H J, et al. The effect of severe marforming on shape memory characteristics of a Ti-rich NiTi alloy processed using equal channel angular extrusion. Metallurgical and Materials Transactions A: Physical Metallurgy and Materials Science, 2003, 34A(11): 2527-2539.

[36] Zhang D T, Guo B, Tong Y X, et al. Effect of annealing temperature on martensitic transformation of $Ti_{49.2}Ni_{50.8}$ alloy processed by equal channel angular pressing. Transactions of Nonferrous Metals Society of China, 2016, 26(2): 448-455.

[37] Khelfaoui F, Guénin G. Influence of the recovery and recrystallization processes on the martensitic transformation of cold worked equiatomic Ti-Ni alloy. Materials Science and Engineering: A, 2003, 355(1): 292-298.

[38] Waitz T, Antretter T, Fischer F D, et al. Size effects on martensitic phase transformations in nanocrystalline NiTi shape memory alloys. Materials Science and Technology, 2008, 24(8): 934-940.

[39] Zhang C S, Zhao L C, Duerig T W, et al. Effects of deformation on the transformation hysteresis and shape memory effect in a $Ni_{47}Ti_{44}Nb_9$ alloy. Scripta Metallurgica et Materialia, 1990, 24(9): 1807-1812.

[40] Jiang P C, Zheng Y F, Tong Y X, et al. Transformation hysteresis and shape memory effect of an ultrafine-grained TiNiNb shape memory alloy. Intermetallics, 2014, 54(22): 133-135.

[41] Piao M, Otsuka K, Miyazaki S, et al. Mechanism of the A_s temperature increase by pre-deformation in thermoelastic alloys. Materials Transactions, JIM, 1993, 34(10): 919-929.

[42] Atli K C, Karaman I, Noebe R D, et al. Shape memory characteristics of $Ti_{49.5}Ni_{25}Pd_{25}Sc_{0.5}$ high-temperature shape memory alloy after severe plastic deformation. Acta Materialia, 2011,

59(12): 4747-4760.

[43] Miyazaki S, Igo Y, Otsuka K. Effect of thermal cycling on the transformation temperatures of Ti-Ni alloys. Acta Metallurgica, 1986, 34(10): 2045-2051.

[44] Tong Y X, Guo B, Chen F, et al. Thermal cycling stability of ultrafine-grained TiNi shape memory alloys processed by equal channel angular pressing. Scripta Materialia, 2012, 67(1): 1-4.

[45] Pushin V G, Valiev R Z, Zhu Y T, et al. Effect of severe plastic deformation on the behavior of Ti-Ni shape memory alloys. Materials Transactions, 2006, 47(3): 694-697.

[46] Valiev R, Gunderov D, Prokofiev E, et al. Nanostructuring of TiNi alloy by SPD processing for advanced properties. Materials Transactions, 2008, 49(1): 97-101.

[47] Gunderov D V, Maksutova G, Churakova A, et al. Strain rate sensitivity and deformation activation volume of coarse-grained and ultrafine-grained TiNi alloys. Scripta Materialia, 2015, 102: 99-102.

[48] Rodriguez P. Grain size dependence of the activation parameters for plastic deformation: Influence of crystal structure, slip system, and rate-controlling dislocation mechanism. Metallurgical and Materials Transactions A, 2004, 35(9): 2697-2705.

[49] Kockar B, Karaman I, Kulkarni A, et al. Effect of severe ausforming via equal channel angular extrusion on the shape memory response of a NiTi alloy. Journal of Nuclear Materials, 2007, 361(2-3): 298-305.

[50] Miyazaki S, Kim H Y, Hosoda H. Development and characterization of Ni-free Ti-base shape memory and superelastic alloys. Materials Science and Engineering: A, 2006, 438-440(15): 18-24.

[51] Contardo L, Guénin G. Training and two way memory effect in CuZnAl alloy. Acta Metallurgica et Materialia, 1990, 38: 1267-1272.

[52] Atli K C, Karaman I, Noebe R D, et al. Comparative analysis of the effects of severe plastic deformation and thermomechanical training on the functional stability of $Ti_{50.5}Ni_{24.5}Pd_{25}$ high-temperature shape memory alloy. Scripta Materialia, 2011, 64(4): 315-318.

[53] Shahmir H, Nili-Ahmadabadi M, Langdon T G. Shape memory effect of NiTi alloy processed by equal-channel angular pressing followed by post deformation annealing. IOP Conference Series: Materials Science and Engineering, 2014, 63: 012111.

[54] Shahmir H, Nili-Ahmadabadi M, Wang C T, et al. Annealing behavior and shape memory effect in NiTi alloy processed by equal-channel angular pressing at room temperature. Materials Science and Engineering A, 2015, 629: 16-22.

[55] Zhang X, Song J, Jiang H, et al. Effects of ECAE and aging on phase transformations and superelasticity of a Ni-rich TiNi SMA. Materials Science Forum, 2011, 682: 185-191.

[56] Jiang Q, Zhang S H, Li J C. Grain size-dependent diffusion activation energy in nanomaterials. Solid State Communications, 2004, 130(130): 581-584.

[57] 聂飞龙. 块体超细晶金属的材料学表征与生物相容性研究.北京: 北京大学博士学位论文, 2012.

第6章 传统塑性变形钛镍基形状记忆合金

工程和生物医学应用中广泛使用的 TiNi 基合金薄板或超细丝材均由传统塑性变形工艺，如冷轧和冷拔与适当退火处理制得，其晶粒尺寸通常在超细晶尺寸范围内[1-4]。1990 年 Koike 等首先利用冷轧工艺在 $Ti_{49.2}Ni_{50.8}$ 合金中获得了纳米晶/非晶混合组织[5]，较高压扭转、等径角挤压等新兴剧烈塑性变形手段应用于 TiNi 基合金早十余年。与高压扭转、等径角挤压、球磨等工艺相比较，冷轧和冷拔工艺具有设备简单、工艺参数易于控制、样品无污染等特点。受限于高加工硬化率，TiNi 合金在冷轧变形中易于断裂，为解决此问题，研究者将电脉冲引入冷轧工艺中极大地增强了 TiNi 基合金的变形能力，为大尺寸超细晶 TiNi 基合金板材奠定了工业基础[6]。

在过去二十余年，研究者从冷轧诱发 TiNi 合金的非晶化研究入手，系统研究了其塑性加工工艺、非晶化机制、晶化行为、超弹性，以及超细晶 TiNi 基合金的形状恢复特性等。尤为重要的是，研究者在以纳米晶或纳米晶/非晶混合组织为特征的 TiNi 合金陆续发现宽温域窄滞后超弹性、大线性超弹性等新奇性能。这为进一步探索 TiNi 基合金的应用奠定了基础。

6.1 钛镍合金的传统塑性加工与电塑性加工

利用冷拔与冷轧等传统的塑性变形工艺可以在 TiNi 基合金中获得非晶与纳米晶的混合组织或纳米晶组织[1, 7, 8]。这并不意味着 TiNi 合金的冷加工非常容易。恰恰相反，TiNi 合金的加工硬化速率非常高，极大地制约了其可加工性。Wu 等系统研究了 TiNi 合金丝材的冷拔工艺[9]。冷拔速率控制在 5～20m/min，当丝材直径不小于 100μm 时，使用碳化钨拉丝模；当丝材直径小于 100μm 时，使用钻石拉丝模。图 6-1 比较了冷加工率对单道与多道情况下拉拔应力和硬度的影响[9]。可见，拉拔应力与硬度均随着冷加工率的增大而迅速增大。这表明，冷拔过程中 TiNi 合金发生了严重的加工硬化。当冷加工率相同时，单道的拉拔应力远远大于多道时的数值。同时，多道冷拔时 TiNi 合金丝的变形均匀性优于单道。因此，多道工艺更适合 TiNi 合金的冷拔。为获得满意的丝材，必须控制每道的变形量和中间退火工艺。冷拔道次变形量一般控制在每道 15%～20%，2 次退火间总的冷拔量为 40%～45%[10]。每道拉拔后，需要进行中间退火，退火温度通常在 600～800℃，时间需要根据丝材的直径确定。

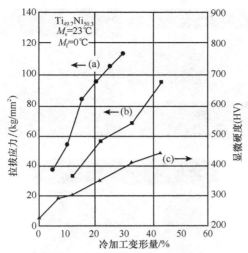

图 6-1　Ti$_{49.7}$Ni$_{50.3}$合金在室温冷拔时，冷加工率对单道次拉拔应力(a)、多道次拉拔应力(b)与硬度(c)的影响

　　影响丝材最终质量的工艺因素主要有模具润滑、表面氧化层、模具材料与结构等。冷拔过程中丝材的良好润滑有利于降低拉拔应力和提高丝材表面质量，防止黏模和断丝。表面氧化层与 MoS$_2$、肥皂、油基润滑剂等均被用于润滑。Wu 等[9]将经过表面抛光的 Ti$_{49.3}$Ni$_{50.7}$合金丝分别在 550℃保温 10min、550℃保温 70min、700℃保温 10min 获得不同厚度的表面氧化层，表面形貌如图 6-2 所示，发现较薄的氧化层既能实现润滑，又不影响丝材的性能，而较厚的氧化层不仅妨碍进一步拉拔，而且抑制丝材的形状记忆与超弹性等性能。与其他润滑剂相比较，MoS$_2$的润滑效果好，表现在拉拔应力低且拉拔后丝材表面光滑。

　　模具材料主要有碳化钨与金刚石。碳化钨拉丝模磨损快、表面精度差，通常用于直径较大丝材的拉拔，金刚石拉丝模表面精度高、磨损小，适用于细丝的拉拔[10]。杨恒等[11]考虑 TiNi 合金高加工硬化速率的特点，设计了如下硬质合金模芯材料的孔型：①工作锥角 $2\alpha=10°\sim15°$，道次压缩率越大，锥角越大，丝径越大，锥角越大；②工作锥高度 $H=(1.1\sim1.2)(d_0-d_1)/\mathrm{tg}\alpha$；③定径带长度，丝径大于 1.0mm 时，取丝径的 0.9～1.3 倍，丝径小于 1.0mm 时，取丝径的 1.3～2 倍。

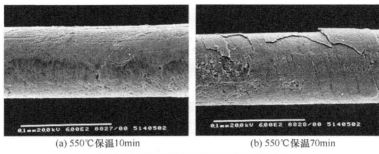

(a) 550℃保温10min　　　　　　(b) 550℃保温70min

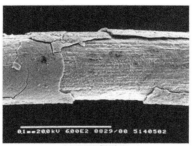

(c)700℃保温10min

图 6-2　经不同条件中间退火的 TiNi 合金丝的表面形貌

　　TiNi 合金丝的冷拔还与丝材的相状态密切相关。R 相状态的合金丝通常表现出最小的拉拔应力,其次是 B19′马氏体相, B2 母相的拉拔应力最大[12]。这是因为 R 相具有小的剪切模量。因此,拉拔温度应该尽量接近 R_s 温度或者 M_s 温度。

　　TiNi 合金的冷轧性能并不好,需要严格控制道次变形量和总变形量。一般来说,冷轧的道次变形率应小于 2%,变形量介于 30%～40%之间[10]。为提高合金的断裂韧性,需要将合金夹在两块不锈钢板材之间制成三明治结构。Koike 等利用此方法在 TiNi 合金中获得了 60%的冷轧变形量[5]。

　　冷轧 TiNi 合金中获得纳米晶或非晶组织的前提条件之一是塑性变形足够大。但是过高的塑性变形容易导致样品表面出现微裂纹,进而恶化样品性能。Demers 等[13]将拉拔装置与轧机结合起来,分析了拉拔过程中轧制力与下压量、拉拔力和润滑条件之间的关系。具体的实验装置如图 6-3 所示。轧制力通过放置于轴承座下的两个测力传感器获得;拉拔力利用与样品水平放置的压力传感器获得。冷轧过程中下压量($e=\ln[h_0/h]$,其中 h_0 为样品的原始厚度, h 为轧制后的样品厚度)不能超过 2,否则会出现图 6-4 所示的试样分裂情况[13]。

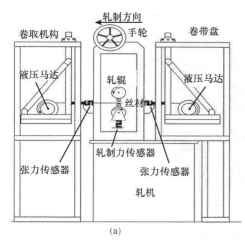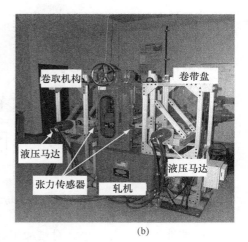

图 6-3　轧机与拉拔复合装置的示意图(a)与实物照片(b)

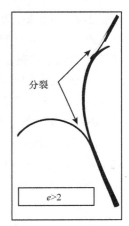

图 6-4　过大下压量引起的试样分裂典型照片

图 6-5 所示为下压量、拉拔力与润滑对轧制力的影响[13]。由于加工硬化的影响，轧制力随下压量增大而迅速增加。当下压量小于 2 时，润滑对轧制力无明显影响。图 6-5 中 σ_y 为每道冷轧后样品的屈服强度。轧制过程中对样品分别施加 $0.1\sigma_y$、$0.25\sigma_y$ 与 $0.5\sigma_y$ 的拉拔力。轧制过程中，施加拉拔力有助于保持板材平直，降低轧制力。然而，拉拔力过大时，样品表面容易形成较多的微裂纹。

冷轧后样品厚度与设定厚度之间的差值可以表示为 $\Delta h \propto RC\mu(\sigma - \sigma_t)$，其中 C 为弹性变形参数，与轧辊的弹性模量和泊松比有关；μ 为摩擦系数；R 为轧辊的半径；σ 为轧辊的入口和出口之间的平均流变应力；σ_t 为名义拉力。图 6-5 中虚线表示下压量、拉拔力与润滑对冷轧后样品厚度与设定厚度之间差的影响。当下压量相对较小(0.25~0.75)时，虚线近似垂直，表明拉拔力与润滑对 Δh 并无显著影响。当下压量较大(1~2)时，增加拉拔力和润滑有助于减小 Δh。根据上述研究，可以归纳出获得纳米晶 TiNi 合金的最佳冷轧工艺为：下压量 1.5；拉拔力 $0.1\sigma_y$；施加润滑[13]。

提高轧制温度有利于提高合金的延伸率，减少轧制板材表面微裂纹。根据 TiNi 合金电阻大适合电流加热的特点，Facchinello 等[14]将直流加热装置集成到图 6-3 所示的轧机中，在约 150℃(约 0.15 T_m)实现了 $Ti_{49.74}Ni_{50.26}$ 合金的温轧。此温度显著低于传统温轧工艺所需要的数值($0.3T_m$)，这主要是因为 150℃是此合金中应变诱发非晶化的最高温度，从而为后续热处理调控合金晶粒尺寸提供便利条件。

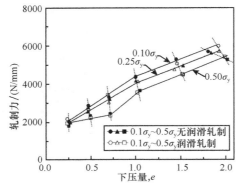

图 6-5　下压量、拉拔力以及润滑对轧制力的影响

电塑性加工是近年来针对难加工材料而发展的一种新型加工方法，其原理是合金加工过程中引入高能电流对工件进行刺激而产生的电塑性效应。电塑性效应是高能电流导致材料的变形抗力下降、塑性显著提高的现象[15]。此现象是 1963 年苏联学者 Troitskii 等发现的[16]。他们在表面涂汞的锌单晶拉伸试验中发现电子照射可显著提高金属塑性。20 世纪 80 年代以后，许多研究者发现电塑性效应存在于许多金属当中。随后发展了电塑性加工技术，用来处理难变形的材料，如 Mg、Ti、W、Mo 及它们的合金，以及不锈钢等[17-20]。

Stolyarov 等[21, 22]首先将电塑性加工引入到 TiNi 合金的冷轧处理中，获得了纳米晶 TiNi 合金。图 6-6 所示为 TiNi 合金电塑性轧制装置示意图[23]。样品作为负极，轧辊作为正极。电流通过与工件的滑动接触传递到变形区域。电塑性加工涉及的工艺参数包括电流密度、脉冲持续时间和频率等。已有的报道中，电流密度一般在 $80\sim200A/mm^2$，脉冲持续时间在 $1.2\times10^{-4}/s$，频率在 1000Hz 左右[21-25]。

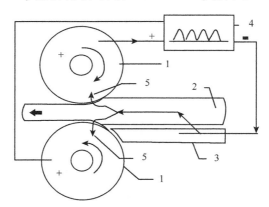

图 6-6　TiNi 合金电塑性轧制装置示意图
1. 轧辊；2. 工件；3. 进料盘；4. 电流源；5. 工件与轧辊接触面

表 6-1 总结了不同状态下 TiNi 合金的变形能力。采用工件中出现明显的裂纹或者断裂时所对应的真实应变来评价电流对 TiNi 的变形能力的影响。真实应变 $e = \ln S_0 / S_f$，其中 S_0 与 S_f 分别是工件在变形前的初始截面积与变形后的截面积。可见，冷轧时通入高脉冲电流极大提高了合金的变形能力。这种改善不仅与电流密度有关，而且与合金的相状态有关。马氏体相合金的变形能力要高于母相合金，这主要是因为前者的加工硬化速率较小[25]。

表 6-1　不同状态 TiNi 合金的电塑性轧制变形能力

合金成分(原子分数)/%	轧制前状态	电流密度/(A/mm²)	无电流时 e	有电流时 e	参考文献
$Ti_{49.4}Ni_{50.6}$	超细晶，母相	200	0.59	1.91	[22]
$Ti_{49.2}Ni_{50.8}$	粗晶，母相	100	0.1	1.2	[24]
$Ti_{50.0}Ni_{50.0}$	粗晶，马氏体	100	0.6	3.6	[24]
$Ti_{49.3}Ni_{50.7}$	粗晶，母相	80	0.8	2.5	[25]
$Ti_{50.0}Ni_{50.0}$	粗晶，马氏体	80	0.9	3.6	[25]

6.2　冷轧/冷拔钛镍基合金的显微组织

6.2.1　冷变形诱发非晶化

图 6-7 所示为经过冷轧后 $Ti_{49.2}Ni_{50.8}$ 合金的显微组织[5]。冷轧前 $Ti_{49.2}Ni_{50.8}$ 合金的微观组织呈现出典型的马氏体形貌，如图 6-7(a)所示。冷轧变形量为 30%时，合金中的马氏体板条得到明显细化，对应的衍射谱中出现了与非晶相对应的微弱衍射环，表明合金中出现了少量的非晶组织。继续增加冷轧变形量到 60%，合金中非晶部分含量增大，如图 6-7(c)中 α 所示，对应的衍射谱呈现出典型的非晶衍射环。上述冷轧变形量与 TiNi 合金的微观组织的关系已为众多研究所证实[26-29]。图 6-7 清楚地表明冷轧变形可以导致 TiNi 合金结构失稳，从而转变为非晶组织。更进一步的研究发现，当冷轧变形量为 40%时，TiNi 合金中即可形成与轧制方向成 35°~45°的非晶剪切带[27]。随变形量增大，非晶相的体积分数增大。当变形量为 70%时，非晶相的体积分数可达到 38%[28]。冷轧后，具有较高相变温度的 TiNi 合金中非晶相的含量通常高于具有较低相变温度的合金[30]。

从热力学角度讲，合金非晶化是增加晶体相的自由能，使之高于非晶相的自由能。Koike 等[5]根据高分辨透射电镜观察结果，发现晶体相与非晶相之间过渡区域内位错密度高达 $10^{13} \sim 10^{14}/cm^2$，如此高的位错密度所引起合金内弹性能的增加值与 TiNi 合金非晶薄带的晶化能相当。据此，他们认为冷轧诱发非晶化的驱动力主要来自于位错塞积。接下来的问题是冷轧 TiNi 合金中如此高的位错密度是如何积累下来的。Ewert 等认为变形过程中孪生变形在合金内部形成大量界面，最终

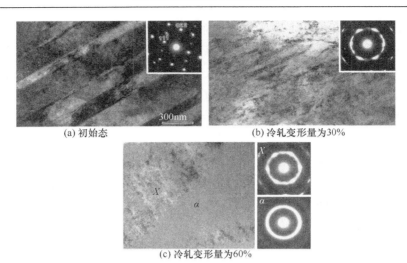

(a) 初始态　　　　　　　　　(b) 冷轧变形量为30%

(c) 冷轧变形量为60%

图 6-7　Ti$_{49.2}$Ni$_{50.8}$合金的透射电子显微观察明场像与对应的衍射谱

破坏了晶体结构[30]。TiNi 合金马氏体的显微组织以(11$\bar{1}$)Ⅰ型孪晶、(001)复合孪晶等为主[31]。冷轧变形初期，TiNi 合金中马氏体的变形方式主要以孪晶运动为主。孪晶界将阻碍位错运动，从而为位错塞积提供便利条件[26, 32]。高密度位错在继续变形中可转变为高角度晶界[32]。塑性变形与相变结合可显著加强 TiNi 合金中纳米晶的形成[33]。图 6-8 所示为冷轧变形量为 5%的 Ti$_{49.8}$Ni$_{50.2}$合金的显微组织[26]。可见，孪晶界处存在大量的位错。

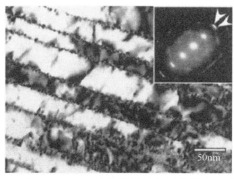

图 6-8　冷轧变形量为 5%的 Ti$_{49.8}$Ni$_{50.2}$合金的透射电子显微观察明场像及对应的衍射谱

Nakayama 等通过 Orowan 方程分析了应变(ε)与位错密度(ρ)之间的关系，$\varepsilon = Kb\rho\bar{l}$，其中 K 是取向因子，约为 1；b 是柏格斯矢量；$\bar{l}$ 为位错的平均滑移距离[27]。根据上述方程，可发现如果增大位错密度，必须增大应变或减小位错的平均滑移距离。特定情况下滑移距离取决于变形模式。考虑孪晶界对位错的阻碍作用，TiNi 合金中可取孪晶片宽度作为滑移距离。取 $b=2.6\times10^{-10}$m，$\bar{l}=30\times10^{-9}$m

与 $\varepsilon=0.5$，可计算得出 $\rho=6.4\times10^{16}\mathrm{m}^{-2}$。此数值接近于 Koike 等测得的数值[5]。

根据现有文献报道，冷轧过程中 TiNi 合金的纳米晶形成或非晶化可分为三个阶段[27]：第一阶段，冷轧变形量较小，对应的变形机制为应力诱发马氏体相变，应力诱发的马氏体可通过变形孪生或位错运动继续变形。前者可显著细化微观组织与增大位错密度，从而导致高加工硬化率。第二阶段，高密度位错周围的长程应力场将稳定 B2 母相。在此阶段，位错缠结和不动位错可限制位错滑移。第三阶段，当应变量达到 40%，合金中剪切带开始形成。剪切带内部的位错密度远大于附近区域，获得足够应变能的区域转变为非晶。非晶相不仅存在于剪切带内，在剪切带外仍存在少量的尺寸在 20nm 左右的非晶区域[34]。

与冷轧变形类似，冷拔变形同样可以在 TiNi 基合金中形成纳米晶与非晶相。图 6-9 所示为冷拔前后 $Ti_{49.1}Ni_{50.9}$ 合金的室温 X 射线衍射谱[1, 35]。冷拔变形量如图所示。所有的衍射峰均可标定为 B2 相。冷拔合金中形成了 〈111〉织构，因此观察不到(200)、(310)以及(420)衍射峰。随冷拔变形量增大，衍射峰强度下降，宽度增大，表明合金中晶粒尺寸减小，同时引入了位错等缺陷。透射电镜观察结果进一步证实，冷拔变形量为 70%的合金中含有大量非晶相和纳米晶组织。

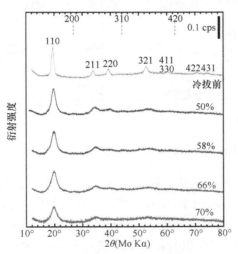

图 6-9　冷拔变形前后 $Ti_{49.1}Ni_{50.9}$ 合金的 X 射线衍射谱

6.2.2　晶化行为

冷加工不能获得完全非晶的 TiNi 合金，因此，其中非晶相的晶化行为将不同于快速冷却或溅射制备的完全非晶合金。图 6-10 所示为不同冷轧变形量处理后 $Ti_{50}Ni_{50}$ 与 $Ti_{49.3}Ni_{50.7}$ 合金的 DSC 曲线[36]。可见，冷轧合金在加热过程中均表现出较强的放热。随变形量增加，晶化起始温度和峰值温度均升高，释放的热量也增大。这意味着随变形量增大，合金中非晶相的体积分数增加，同时非晶相的热稳定性增加。但是，冷轧处理合金的晶化温度显著低于非晶 TiNi 合金薄膜的数值，表明其热稳定性仍较低。这主要是因为冷轧处理合金中积累了较高的弹性能和大量的残余纳米晶[36, 37]或大量中程有序的原子结构[37]，前者可提供一定的驱动力，后者则作为非均匀形核位置，从而促进合金晶化过程。Kim 等[34]的发现与上述结果相反，冷轧变形量为 40%的 $Ti_{50}Ni_{50}$ 合金的晶化温度高于变形量为 70%的合金，他们认为这主要是因为两者中非晶相的形态有所不同。

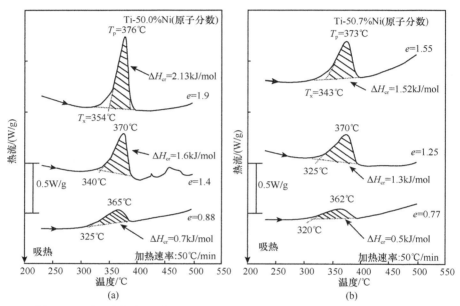

图 6-10　不同冷轧变形量处理后 $Ti_{50}Ni_{50}$(a)与 $Ti_{49.3}Ni_{50.7}$(b)合金的 DSC 曲线

图 6-11 所示为冷轧 $Ti_{50}Ni_{50}$ 与 $Ti_{49.3}Ni_{50.7}$ 合金在不同加热速率下的 DSC 曲线[36]。根据公式(4-1)中所列 Kissinger 方程，计算可以得出两种合金的晶化激活能约为 262kJ/mol。此数值显著低于 TiNi 基合金薄膜的晶化激活能[38, 39]。这也表明，冷轧 TiNi 合金中非晶相的热稳定性要低于非晶 TiNi 合金薄膜。需要说明的是，DSC 曲线中的放热峰对应非晶相的晶化和残留纳米晶的长大过程[40]，因此不能通过比较加热过程中的热焓与完全非晶合金，如快速凝固合金的热焓来确定冷加工合金中非晶相的含量。

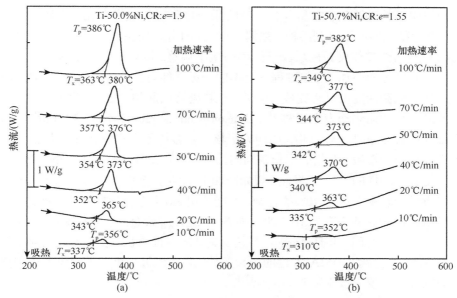

图 6-11　冷轧 $Ti_{50}Ni_{50}$(a)与 $Ti_{49.3}Ni_{50.7}$(b)合金在不同加热速率下的 DSC 曲线

Peterlechner 等采用类似累积叠轧工艺获得了近似完全非晶的 $Ti_{49.9}Ni_{50.1}$ 合金[37]，发现当 von Mises 真应变为 16.8 时，轧制态合金的显微组织特征为少量尺寸不足 10nm 的 B2 母相镶嵌在非晶基体上。这与高压扭转处理的 TiNi 合金类似[41]。图 6-12 所示为 von Mises 真应变为 16.8 的 $Ti_{49.9}Ni_{50.1}$ 合金的 MDSC 曲线[37]。其中实线对应加热过程中的热流曲线，虚线表示由晶化引起的可逆热流变化。可见，除与晶化对应的放热峰外，曲线在 100℃左右出现转折，对应结构弛豫的开始温度。在 70～330℃范围内，可逆的热流几乎保持不变；在 330～360℃范围内，可逆的热流出现 0.002W/g 的下降，这是由于非晶相与晶体相之间比热容的不同所导致的。如果事先将轧制态合金在较低温度保温一段时间(如 130℃/220h)，结构弛豫的起始温度将升高。

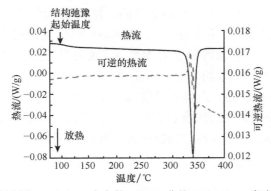

图 6-12　轧制态 $Ti_{49.9}Ni_{50.1}$ 合金的 MDSC 曲线(von Mises 真应变为 16.8)

当发生结构弛豫时，非晶合金内部的原子排列发生缓慢变化，逐渐变为能量更低、更为稳定的原子排列结构。强调一点，此时并未发生晶化转变，合金仍为非晶结构。结构弛豫仅仅是局域原子排列的微小调整，被认为是包括缺陷湮灭在内的几个不同过程的叠加，这些过程具有不同的激活能。因此，较低温度下的保温可能导致某些低激活能的过程完成，表现为结构弛豫的起始温度升高[37]。

非晶合金的晶化动力学通常采用 Johson-Mehl-Avrami(JMA)方程分析[42]。JMA方程推导的假设条件比较严格，如均匀形核、合金中不存在晶体相、相变过程中体积成核率为一常数、新相的生长各向同性等。大量实验已经证实，TiNi 基合金晶粒长大是各向同性的[43, 44]。显然，假如冷加工 TiNi 合金中仅包含少量非晶相，例如前文所述冷轧变形量为 70%的合金，不能应用 JMA 方程分析其晶化动力学。对于上述 von Mises 真应变为 16.8 的轧制态 $Ti_{49.9}Ni_{50.1}$ 合金，分析发现其 Avrami 指数介于 3.2～3.6 之间，并且 Avrami 图呈现典型的线性特征，表明近似全部非晶的轧制态 TiNi 合金满足 JMA 方程的假设条件，其形核机制可以是预先形核和持续形核的混合机制或成核率随时间减少[37]。

6.2.3　退火工艺的影响

退火工艺对冷轧 TiNi 合金晶粒尺寸的影响取决于合金成分、变形量等因素。例如，冷轧 40%的 $Ti_{49.8}Ni_{50.2}$ 合金中的非晶相在 350℃退火 30min 并未发生晶化转变[45]；冷拔 78%的 $Ti_{50}Ni_{47}Fe_3$ 合金中的非晶相在 300℃退火 30min 即发生晶化转变[46]。轧制态 TiNi 基合金的显微组织含有非晶相和残留的晶粒，退火时，非晶相发生晶化转变，而残余的晶粒长大，导致晶粒尺寸分布通常呈现双峰特征。图 6-13 所示为冷轧 $Ti_{50}Ni_{50}$ 合金在不同温度退火后的显微组织，冷轧变形量约为 85%[36]。当在 300℃退火 1h 后，晶粒尺寸分布呈现双峰特点，冷轧后残余的纳米晶长大为 20nm 左右的晶粒，非晶部分则转变为尺寸约为 5nm 左右的纳米晶。这与 Kim 等的研究[34]不同，他们认为较大的晶粒来自于非晶转变。这可能与冷轧后形核位置的分布有关。如果冷轧后，非晶相内的缺陷、镶嵌其中的纳米晶等优先形核位置分布较为密集，则在随后的退火处理中，该非晶相可转变为尺寸较小的晶体相。当退火温度升高到 350℃，双峰特征更为显著，较为粗大的晶粒尺寸集中在 30～80nm，较为细小的晶粒尺寸约为 5～25nm。当退火温度继续升高到 400℃，合金中晶粒尺寸介于 20～120nm。当退火温度为 500℃时，合金的晶粒尺寸介于 0.2～0.6μm 之间，冷轧变形量较大的合金的尺寸远小于变形量较小的合金。当退火温度升高到 700℃，变形量对晶粒尺寸的影响微乎其微，晶粒尺寸约为 12μm。

图 6-13　冷轧 $Ti_{50}Ni_{50}$ 合金在不同温度退火后的透射电子显微像

冷轧变形量约为 85%

工业生产中 TiNi 合金丝材需经过变形量介于 30%～50%的冷拔处理，之后为恢复其功能特性，丝材需要在 400～500℃退火 10～60min。然而，现有的热处理方式并不能满足超长丝材大批量退火的要求，为此，研究者将电脉冲退火引入 TiNi 合金的热处理工艺中。考虑 TiNi 合金自身电阻比较大的特点，因此电脉冲比较适合冷加工 TiNi 合金的热处理[47, 48]。图 6-14 所示为 $Ti_{49.2}Ni_{50.8}$ 合金经电脉冲退火不同时间的显微组织[2]。合金的冷拔变形量为 45%±5%，电脉冲峰值功率为 125W，退火前对合金丝材施加 400MPa 的应力。冷拔态 $Ti_{49.2}Ni_{50.8}$ 合金的显微组织包括 B2 母相、B19′马氏体相和非晶相，亚结构包含高密度位错和形变孪晶。电脉冲可以在短时间内使材料温度升高，并随之迅速冷却。电脉冲退火 6ms、8ms、10ms 时，合金的最高温度分别为 550℃、700℃、800℃。与冷拔态合金显微组织相比较，6ms 退火的合金发生回复，位错密度减小、B19′马氏体转变为 B2 相、非晶相发生再结晶。8ms 和 10 ms 退火合金的微观微观演化规律基本一致，继续发生回复，晶格畸变区域减小，纳米晶的晶界变清晰等。图 6-15 给出了更长电脉冲退火时间处理合金的显微组织[2]。当退火时间延长到 12ms 时，合金的回复与再结晶过程主导了显微组织变化。此时的显微组织已经与普通矫直退火处理合金的类似。随退火时间延长，晶粒尺寸迅速增大，当退火时间为 18ms 时，晶粒尺寸已经增加到 1.2μm 左右。电脉冲退火时间对合金晶粒尺寸的影响如图 6-16 所示[2]。电脉冲退火的成功应用为精确控制 TiNi 基合金的显微组织，从而调控其功能特性提供了一种快速、便捷的技术手段。

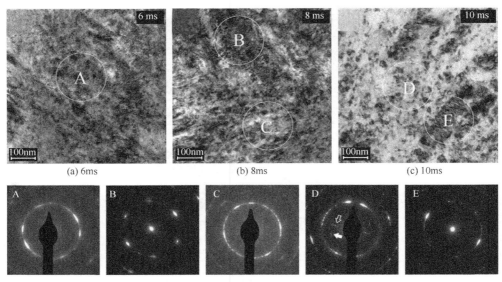

图 6-14　冷拔 $Ti_{49.2}Ni_{50.8}$ 合金经电脉冲退火不同时间的显微组织

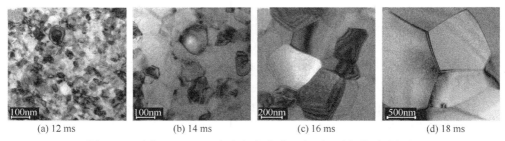

图 6-15　冷拔 $Ti_{49.2}Ni_{50.8}$ 合金经电脉冲退火不同时间的显微组织

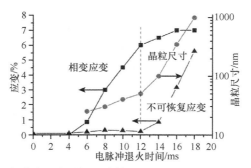

图 6-16　电脉冲退火时间对冷拔 $Ti_{49.2}Ni_{50.8}$ 合金晶粒尺寸的影响

Zhu 等[49, 50]研究了电脉冲处理参数，如电流密度、频率和时间对冷轧 $Ti_{49.2}Ni_{50.8}$ 合金显微组织的影响，具体的工艺参数如表 6-2 所示。冷轧合金表现出条带状显微组织。当频率为 150Hz、时间为 15min 时，冷轧合金发生再结晶，晶粒

尺寸约为 40nm。随频率增加至 250Hz、350Hz，合金的晶粒尺寸分别增大至 280nm
与 1.95μm。上述工艺参数对合金微观组织的影响主要与高密度电流对原子扩散、
晶粒形核、再结晶和长大的影响有关。

表 6-2　冷轧 $Ti_{49.2}Ni_{50.8}$ 合金的电脉冲处理参数

试样编号	频率/Hz	J_m/(A/mm²)	J_e/(A/mm²)	时间/min
0	—	—	—	—
1	150	114	7.83	2.5
2	150	114	7.83	5
3	150	114	7.83	10
4	150	114	7.83	15
5	250	104	9.15	2.5
6	250	104	9.15	5
7	250	104	9.15	10
8	250	104	9.15	15
9	350	95	9.38	2.5
10	350	95	9.38	5
11	350	95	9.38	10
12	350	95	9.38	15

注: J_e 为电流密度的均方根; J_m 为电流密度振幅

6.3　冷轧/冷拔钛镍基合金的马氏体相变行为

第 4 章与第 5 章已经详细描述了 TiNi 基合金中热致马氏体相变行为的尺寸效应
及其物理机制。因此，本节重点介绍传统塑性变形工艺参数对合金马氏体相变行为的
影响规律。图 6-17 所示为冷轧变形量对 $Ti_{49.8}Ni_{50.2}$ 合金马氏体相变行为的影响[27]。可
见，在冷却和加热过程中，原始态 TiNi 合金表现出典型的一步马氏体相变及其逆相
变的特征。冷轧 10%后，相变峰变宽并向低温方向移动，仍维持一步相变的特征。继
续增加冷轧变形量，相变峰消失。其他研究表明[51]，冷轧 5%可在 $Ti_{49.7}Ni_{50.3}$ 合金中诱
发多步马氏体相变; 继续增大变形量，相变峰消失。由图 6-17 可见，冷轧变形抑制马
氏体相变及其逆相变，这一方面是因为变形过程中引入的位错等大量缺陷，另一方面
是因为随变形量增大，晶粒逐渐细化至纳米量级，同时合金中出现非晶相。因此，上
述相变峰消失的现象并不能归结为相变峰宽化，而是由于相变被抑制到极低的温度
或被完全抑制(晶粒尺寸小于某一临界值)。当冷拔变形量超过 50%时，即使将
$Ti_{49.1}Ni_{50.9}$ 合金冷却至接近 0K，电阻率-温度曲线中仍未观察到马氏体相变，如图 6-18
所示[1]，表明马氏体相变完全被抑制。当冷拔变形量超过 60%，电阻率-温度曲线上表
现出负的电阻温度系数，表现出典型的非晶金属的特征。

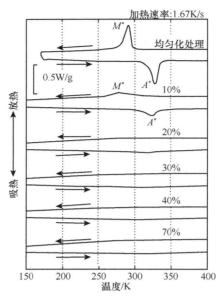

图 6-17 不同冷轧变形量 $Ti_{49.8}Ni_{50.2}$ 合金的 DSC 曲线

图 6-19 给出了不同温度退火 1h 对冷轧 $Ti_{49.8}Ni_{50.2}$ 合金马氏体相变行为的影响，冷轧变形量为 70%[26]。当退火温度为 573K 时，合金的显微组织与轧制态合

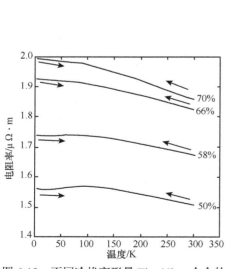

图 6-18 不同冷拔变形量 $Ti_{49.1}Ni_{50.9}$ 合金的 电阻-温度曲线

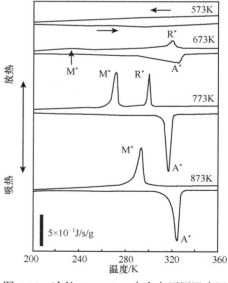

图 6-19 冷轧 $Ti_{49.8}Ni_{50.2}$ 合金在不同温度退 火 1h 后的 DSC 曲线

冷轧变形量为 70%

金相比并无明显区别, 因此其在加热和冷却过程中并未表现出相变。当退火温度升高至 673K 时, 合金的晶粒尺寸约为 20nm, 此时合金在冷却过程中表现出非常宽的马氏体相变峰和较尖锐的 R 相变峰; 继续升高退火温度, 马氏体相变温度升高, R 相变温度下降, 加热过程中表现出一步逆相变。上述马氏体相变行为随退火温度的变化也得到其他研究的证实[48, 52, 53]。Shi 等进一步研究发现[54, 55], 对于冷拔变形量为 72.5%的丝材, 当退火后晶粒尺寸在 22～155nm 范围内, 随晶粒尺寸减小, R 相变温度持续增大, 加热过程中 B19′→R 相变温度基本保持不变。

　　根据马氏体相变热力学, 马氏体相变的弹性能与不可逆能均随晶粒尺寸减小而增大。图 6-20 给出了纳米晶粒尺寸对 TiNi 合金马氏体相变行为影响的热力学解释[55]。其中 G^A、G^R 和 G^M 分别表示母相、R 相与马氏体相的自由能, 包括 Gibbs 自由能(G_{ch})、弹性能(E_{re})和不可逆的能量(E_{ir}); 上标 "+" 与 "–" 分别代表加热和冷却过程。箭头表示随晶粒尺寸减小, 热力学参量的增加或减小。冷却过程中, E_{re} 和 E_{ir} 均阻碍正相变, $G^{M-} = G_{ch}^M + E_{re} + E_{ir}$。加热过程中, E_{re} 促进逆相变, 而 E_{ir} 阻碍逆相变, $G^{M+} = G_{ch}^M + E_{re} - E_{ir}$。$E_{re}$ 增加将会导致 G^{M+} 与 G^{M-}增加, 最终使 R 相与 M 相之间的转变温度下降。另一方面, E_{ir} 增加则会导致 G^{M+}增加与 G^{M-}下降, 使 T^{R-M} 降低而 T^{M-R} 增大。E_{re} 和 E_{ir} 对 G^{M-}的共同作用的结果是 T^{R-M} 随晶粒尺寸减小而下降, E_{re} 和 E_{ir} 对 G^{M+}的相反作用导致 T^{M-R} 几乎保持不变。

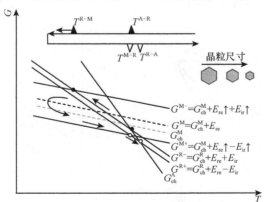

图 6-20　晶粒尺寸对 TiNi 合金马氏体相变影响的热力学解释

6.4　冷轧钛镍基合金的超弹性及其晶粒尺寸效应

　　高压扭转与等径角挤压变形及制备的超细晶 TiNi 基合金存在若干问题, 如高压扭转试样尺寸小、设备要求高、等径角挤压并不能获得纳米晶 TiNi 基合金等, 因此上述超细晶 TiNi 基合金并不适合研究应力诱发马氏体相变的晶粒尺寸效应。在这方面, 冷轧或冷拔与退火处理结合可获得晶粒尺寸自数个纳米到微米量级的

TiNi 基合金, 并且其宏观尺寸较大, 因此成为研究晶粒尺寸效应的理想对象。

图 6-21 所示为不同晶粒尺寸 $Ti_{49.1}Ni_{50.9}$ 合金的室温应力-应变曲线[56]。固溶处

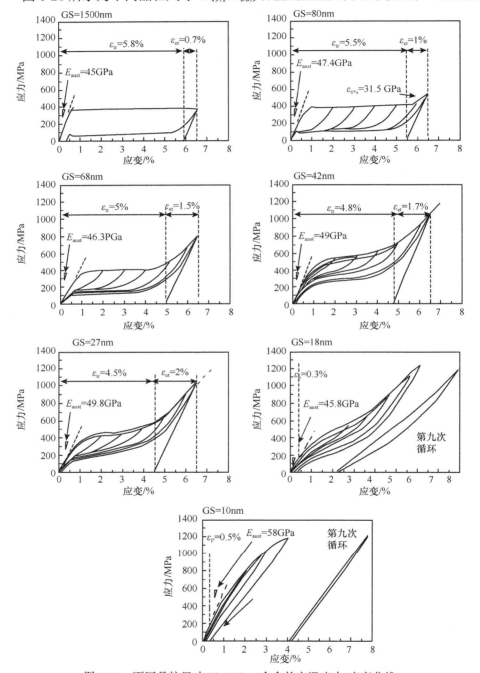

图 6-21　不同晶粒尺寸 $Ti_{49.1}Ni_{50.9}$ 合金的室温应力-应变曲线

理的 $Ti_{49.1}Ni_{50.9}$ 合金经 42%冷轧变形获得晶粒尺寸为 10nm 的试样，随后冷轧合金经不同退火处理获得不同晶粒尺寸的试样，具体如表 6-3 所示。由图 6-21 可以发现，不同晶粒尺寸的 $Ti_{49.1}Ni_{50.9}$ 合金在室温下均表现出应力滞后与较大的恢复应变，表明试样发生了应力诱发马氏体相变。这与热诱发马氏体相变中的研究不同，当晶粒尺寸(GS)小于 60nm 时，B2↔B19′热诱发相变已经被完全抑制[41]。当晶粒尺寸大于 80nm 时，合金的应力-应变曲线并未表现出显著区别。当晶粒尺寸小于 80nm 时，随晶粒尺寸减小，合金的应力-应变曲线表现出较大的变化，应力滞后逐渐减小，应力平台逐渐变短直至消失。Tsuchiya 等曾报道具有非晶/纳米晶混合组织的 $Ti_{49.8}Ni_{50.2}$ 合金呈现出类似的超弹性行为[32]。随晶粒尺寸减小，源自应力诱发马氏体相变的相变应变(ε_{tr})逐渐减小，弹性应变(ε_{el})则逐渐增大。弹性模量随晶粒尺寸减小而整体呈增大趋势，这与 Mei 等利用纳米压痕测试的结果一致，可归结为晶粒对应力诱发马氏体相变的抑制作用增强[57]。表面形貌观察结果表明，当晶粒尺寸减小到 32nm 以下时，应力诱发马氏体相变的变形行为由局域变形(类吕德斯行为)变形转变为均匀变形[58]。表 6-3 总结了上述不同晶粒尺寸的 $Ti_{49.1}Ni_{50.9}$ 合金的具体性能[56]，其中 H 为应力滞后环的面积，l_0 为相变过程中释放的能量，$d\sigma/dT$ 为应力诱发马氏体相变临界应力与变形温度的比值。

表 6-3　不同晶粒尺寸 $Ti_{49.1}Ni_{50.9}$ 合金的热机械性能

热处理	GS/nm	E_{aust}/GPa	H/MPa	l_0/(J/g)	$d\sigma/dT$/(MPa/K)
600℃-10min	1500	45	6.87	13.6	6.5
520℃-6min	80	47.4	6.74	13.4	6.25
520℃-3min	68	46.3	6.5	11.7	6
520℃-2min	42	49.8	3.6	10.8	5.8
485℃-2min	27	49	1.8	8.32	4.8
250℃-45min	18	45.8	1	6.2	3.54
冷轧	10	50.5	0.45	4.14	0.3

图 6-22 所示为 $Ti_{49.1}Ni_{50.9}$ 合金中 $d\sigma/dT$ 与晶粒尺寸之间的关系[58, 59]。当晶粒尺寸小于约 100nm 时，随晶粒尺寸增加，$d\sigma/dT$ 值迅速增大；之后，随晶粒尺寸增加至 1500nm，$d\sigma/dT$ 值无显著变化。值得注意的是，当晶粒尺寸为 10nm 时，$d\sigma/dT$ 值约为 0.3。此时对应的超弹性温度区间为 130℃(−60～70℃)，远远大于粗晶合金的数值。这与 Brailovski 等的研究结果一致[60]。上述结果意味着，纳米晶化有望成为拓展 TiNi 基合金的超弹性温度区间的新途径。

　　应变速率对纳米晶 TiNi 基合金超弹性行为的影响与其晶粒尺寸密切相关。已有研究表明[4]，当应变速率在 $4\times10^{-5}s^{-1}$ 至 $1\times10^{-1}s^{-1}$ 范围内变化，随晶粒尺寸减小，应力-应变行为对应变速率的敏感性下降。当晶粒尺寸约为 90nm 时，随应变速率增大，超弹性变形过程中释放的热量增多，同时合金的 $d\sigma/dT$ 值比较大，因此应力变化较大。随晶粒尺寸减小，超弹性变形过程中释放的热量减少，同时 $d\sigma/dT$ 值减少，因此应力变化减小。当晶粒尺寸约为 10nm 时，合金的应力-应变曲线在给定的应变速率范围内无显著变化。

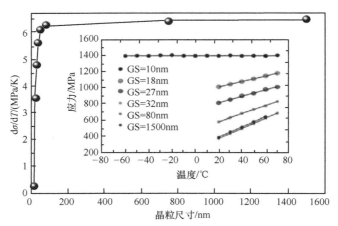

图 6-22　$d\sigma/dT$ 与晶粒尺寸(GS)之间的关系

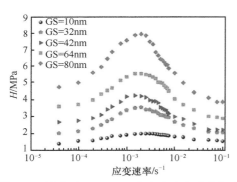

图 6-23　纳米晶 $Ti_{49.1}Ni_{50.9}$ 合金中应变速率与滞后环面积之间的关系

超弹性滞后环的面积直接反映了 TiNi 基合金的阻尼特性，因此应变速率对超弹性行为的影响势必影响其阻尼特性。图 6-23 给出了不同晶粒尺寸的 $Ti_{49.1}Ni_{50.9}$ 合金中应变速率与阻尼特性之间的关系，其中阻尼特性由单次应力-应变曲线中滞后环的面积计算得出[58]。随晶粒尺寸自 80nm 减小至 10nm，合金的阻尼特性减小，最大阻尼值(曲线中的峰值)减小至 1/4，并且应变速率对阻尼特性的影响减小。这主要与相变过程中释放的热量以及 $d\sigma/dT$ 值减小有关。

晶粒尺寸对 TiNi 合金应力诱发马氏体相变行为的影响可以归纳如下：当合金中晶粒尺寸减小至约 60nm 以下时，与粗晶合金相比较，纳米晶 TiNi 合金的应力诱发马氏体相变行为表现出许多新奇现象。例如，应力平台消失[1, 56, 59]、极小的应力滞后[1, 34, 59]、宽超弹性温度区间[58-60]、大线性超弹性[1, 4, 56]与较低的应变速率敏感性[4, 58]等。围绕上述新特性，研究人员开展了大量工作以探究其背后的微观机制。Tsuchiya 等[1]认为在分析非晶/纳米晶 TiNi 合金的大线性超弹性时，需要综合考虑纳米晶相的应力诱发马氏体相变与非晶相的弹性变形。Kim 等[34]发现纳米晶 TiNi 合金中马氏体形貌以单变体为主，考虑应力滞后源自相变过程中界面摩擦消耗的能量，认为晶粒尺寸减小，应力诱发马氏体相变过程中母相/马氏体相界面移动位移小。因此，界面摩擦消耗能量小，所以纳米晶合金的应力滞后小。

Sun 等基于连续介质力学理论与多尺度方法建立了系列模型分析纳米晶 TiNi 合金的应力诱发马氏体相变行为，完整地解释了上述新现象[58, 59]。他们认为与粗晶合金相比较，纳米晶合金的相变过程有两类非常重要的界面，一类是不发生相变的晶界，界面厚度用 l_{gb} 表示。当晶粒尺寸减小到纳米量级，晶界对于晶内相变的约束作用非常强，如图 6-24(b)与(c)所示，晶界扮演了弹性外壁的作用。另一类界面是晶内母相/马氏体相之间的界面，如图 6-24(c)所示。界面厚度在纳米量级，用 l_{int} 表示，粗晶合金中此类界面在施加应力的情况下形成，并且其所占体积分数可忽略。随外加应力变化，此类界面可作往复运动，这已经为大量原位观察结果所证实。

为确定不同尺寸单个晶粒的应力诱发马氏体相变行为，Sun 等 [58]将晶粒简化为核(可相变的晶内部分)-壳(不可相变的晶界)结构，如图 6-24(c)所示。图 6-25 给出了当晶粒尺寸减小时，晶界与母相/马氏体相之间的界面对可相变的晶内部分的影响[58]。模型中，晶界被认为是不可相变的线弹性材料，而晶内则被认为是朗道-金兹堡型的非线弹性材料。后者中母相/马氏体相之间的界面厚度与晶粒尺寸相当。分析结果显示，随晶粒尺寸减小到 10nm 量级，晶内的变形方式自母相与马氏体相共存转变为连续更加平滑的变形特征，应力滞后急剧减小。描述粗晶合金应力诱发马氏体相变行为的克劳修斯-克拉柏龙方程不再适用。归纳起来，纳米晶 TiNi 合金在应力诱发马氏体相变过程中所展现出来的新奇现象均与随晶粒尺寸减小而增大的界面能有关。上述模型进一步被原位 X 射线衍射实验结果所证实[56]。原位 X 射线衍射结果发现，当晶粒尺寸小于 68nm 时，TiNi 合金的应力诱发马氏体相变机制自粗晶合金中传统的形核与长大机制转变为连续的晶格变形。同时，随晶粒尺寸减小，相变矩阵的中间特征值逐渐接近于 1，根据马氏体的几何非线性理论[61]，因此应力滞后减小。

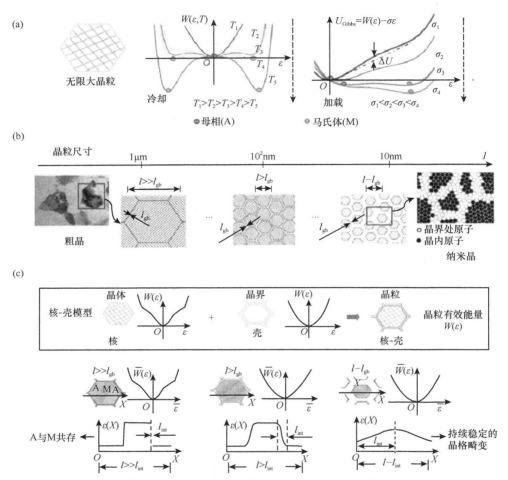

图 6-24　金兹堡-朗道模型(a), TiNi 合金的结构示意图(b) (l 表示晶粒尺寸, l_{gb} 表示晶界尺寸) 与利用简化的核-壳模型确定的能量结构示意图(c), 给出了应变分布与母相/马氏体相界面厚度的关系

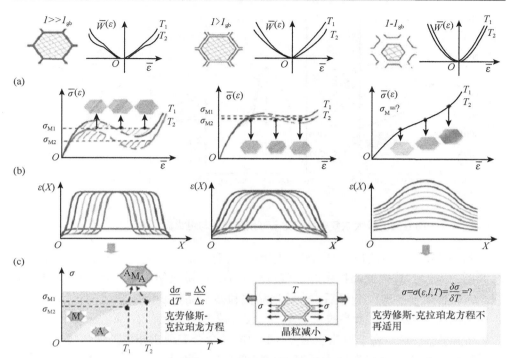

图 6-25　晶粒尺寸对单个晶粒的应力-应变曲线(a), 应变分布(b)与临界应力/温度关系的影响(c)

6.5　冷轧/冷拔钛镍基合金的形状记忆效应

图 6-26 所示为冷轧 $Ti_{50}Ni_{50}$ 合金的最大恢复应力、完全可恢复应变与退火温度之间的关系[60]，其中最大恢复应力采用拉伸试验测得，完全可恢复应变采用弯曲法测得。700 ℃下退火时间为 30 min, 其余温度下退火时间均为 1h。可见, 对于不同变形量处理的 $Ti_{50}Ni_{50}$ 合金, 均存在一最佳的退火温度，介于 350～400℃。随冷轧变形量增大，合金的最大恢复应力增加，最大可达 1450MPa。而对于完全可恢复应变，其随退火温度的变化则较为复杂。当对数变形量介于 0.3～0.88, 随变形量增大，完全可恢复应变减小。这表明，应变强化主导的冷加工变形将损害马氏体相变的可逆性。继续增大变形量，完全恢复应变增加到最大值，约为 8%。此时，冷加工与退火处理相结合，在合金中形成了纳米晶组织。上述结果意味着剧烈的塑性变形与退火处理相结合，有助于同时提高恢复应力与恢复应变。

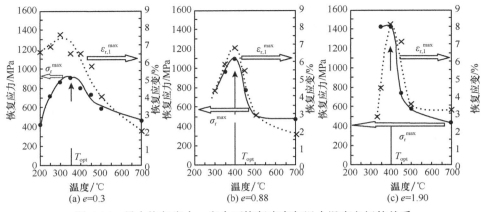

图 6-26 最大恢复应力、完全可恢复应变与退火温度之间的关系

图 6-27 进一步给出了最大恢复应力、完全可恢复应变与纳米晶粒/亚晶尺寸之间的关系[62]，其中亚晶指中等程度冷轧之后，位错亚结构多边形化所获得的组织，纳米晶指剧烈塑性变形后，非晶相晶化和残余晶粒长大所形成的组织[63]。对于最大恢复应力，随纳米晶粒尺寸增大，数值减小；随亚晶尺寸增大，数值先增大之后近似不变。对于完全可恢复应变，不同成分合金表现出相似的变化规律，随纳米晶粒尺寸增大，应变先增大后减小；随亚晶尺寸增大，应变数值持续增大。这进一步证明了剧烈塑性变形与退火处理相结合所形成的纳米晶组织能够改善 TiNi 合金的形状记忆特性。对于位错亚结构所形成的亚晶组织，其中所含有的大量位错在强化合金基体的同时也阻碍马氏体界面运动，从而损害形状恢复变。图 6-28 更清晰地比较了再结晶、纳米亚晶与纳米晶 $Ti_{50}Ni_{50}$ 合金的功能特性[63]。

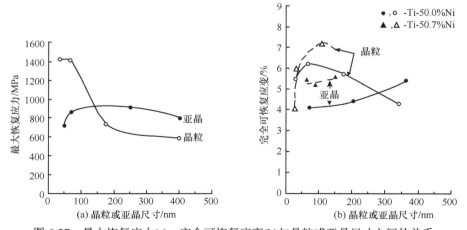

图 6-27 最大恢复应力(a)、完全可恢复应变(b)与晶粒或亚晶尺寸之间的关系

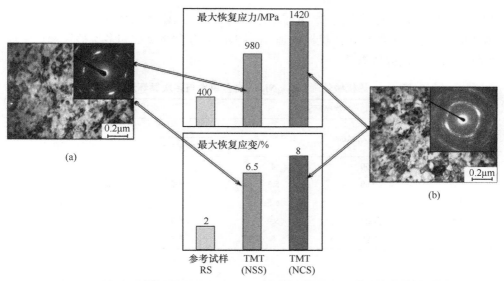

图 6-28   具有不同显微组织特征 Ti$_{50}$Ni$_{50}$ 合金的最大恢复应力与完全可恢复应变的比较

其中 RS 表示再结晶、NSS 表示纳米亚晶、NCS 表示纳米晶。(a)为 NSS 结构的透射电子显微像，处理工艺为冷轧
＋300 ℃退火 1h，冷轧对数应变量 0.3; (b)为 NCS 结构的透射电子显微像，处理工艺对冷轧＋400℃退火 1h，冷轧
对数应变量为 1.9

　　Demers 等[13]将最大恢复应力随冷轧变形量的变化划分为三个不同的区间，分别对应上述三种显微组织。热处理工艺为 400℃退火 1h。当对数应变小于 0.6时，冷加工所导致的加工硬化可提高合金的最大恢复应力。当对数应变介于 0.6～1 时，退火后合金中形成纳米亚晶的显微组织和极少量的纳米晶。当对数应变增大到 1.5～2.0, 轧制态合金的显微组织以非晶相和残余的纳米晶粒为主，退火态合金的显微组织主要为纳米晶。

　　冷加工与退火处理相结合的热机械处理不仅可以改善 TiNi 基合金的形状恢复特性，而且对记忆效应衰减等疲劳特性有重要影响。形状记忆效应疲劳，又称功能衰减，包括相变温度的改变、记忆效应的衰减、超弹性性能的衰减及阻尼效应的变化[64]。本节仅讨论记忆效应的衰减。Demers 等考察了三种不同情况下热机械处理 Ti$_{49.74}$Ni$_{50.26}$ 合金的形状记忆效应与循环次数的关系，分别是自由恢复、约束恢复与应力协助双程形状记忆效应[65]。热机械处理工艺为: 冷轧+400℃退火 1h。参考试样的热处理工艺为 700℃退火 1h。图 6-29 给出了不同热机械处理 Ti$_{49.74}$Ni$_{50.26}$ 合金的恢复应变、双程形状记忆应变与循环次数之间的关系[65]。当循环到 1000 次左右时，未经冷轧处理的合金的永久变形与双程形状记忆应变的和已经接近总应变，观察不到明显的恢复应变，因此中断了疲劳性能测试。当对数变形量为 0.25 和 0.75 时，合金在测试范围内并未失效。可恢复应变的衰减率与双程形状记忆应变均随冷轧变形量增大而减小，当对数变形量为 0.25 时，衰减率约为

30%，当对数变形量增大到 2，衰减率下降为 3%。上述变化是以疲劳寿命的下降为代价的。表 6-4 给出了热机械处理 Ti$_{49.74}$Ni$_{50.26}$ 合金在单次和多次循环测试中获得的形状记忆效应数据[66]。

表 6-4 热机械处理 Ti$_{49.74}$Ni$_{50.26}$ 合金单次与多次循环测试结果

冷加工应变量	单次循环测试		多次循环测试(疲劳)	
	恢复应力/MPa	恢复应变/%	自由恢复	
			恢复应变/%	失效前循环次数
0.3	560	4	4	循环 10 000 次未失效
0.75	850	5.3	4.5	循环 10 000 次未失效
1.0	1100	5.5	5	6500
1.5	1250	5.9	5.4	4000
1.9	1400	6	5.8	1200

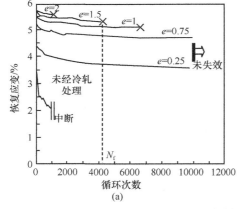 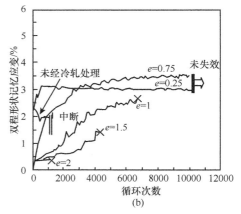

图 6-29 循环次数对不同热机械处理 Ti$_{49.74}$Ni$_{50.26}$ 合金的恢复应变(a)
与双程形状记忆应变(b)的影响

图 6-30 所示为利用约束恢复技术测得的 Ti$_{49.74}$Ni$_{50.26}$ 合金的疲劳曲线[65]。与传统材料的 S-N 曲线不同，图 6-30 采用失效时对应的恢复应力代替了应力幅值。当冷轧对数变形量自 0 增加到 0.75，疲劳寿命增加；继续增加变形量，疲劳寿命下降。对于特定变形量，恢复应力越高，相应的加热温度越高，恢复应力的衰减越大。在应力协助双程形状记忆效应疲劳测试中，若使用可恢复应变替代传统材料中的弹性应变幅值，可获得典型的应变-控制疲劳曲线。图 6-31 所示为 Ti$_{49.74}$Ni$_{50.26}$ 合金中应力协助双程形状记忆效应的疲劳曲线[65]。当冷轧对数变形量小于 0.25 时，疲劳测试中断是因为合金中过大的永久变形，而不是由于失效。可恢复应变越高，失效循环次数越少，应力协助双程形状记忆效应衰减越大。

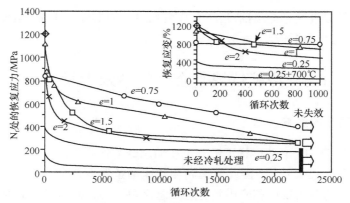

图 6-30　利用约束恢复技术测得的 $Ti_{49.74}Ni_{50.26}$ 合金的疲劳曲线

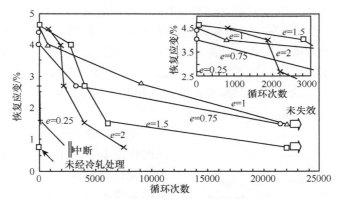

图 6-31　不同热机械处理 $Ti_{49.74}Ni_{50.26}$ 合金的应力协助双程形状记忆效应的疲劳曲线

　　总结图 6-29、图 6-30 与图 6-31,可以发现热机械处理对 TiNi 基合金记忆效应衰减的影响可归纳为以下两点:①改善恢复应变与恢复应力及其循环稳定性;②对疲劳寿命影响有限。当对数变形量小于 0.25,随变形量增加,疲劳寿命增大;继续增加变形量至 0.75～1,疲劳寿命达到最大值;之后随变形量增加,疲劳寿命急剧下降。上述发现对于形状记忆合金驱动器的设计提供了合金的加工准则,例如,如果驱动要求高恢复应变与恢复应力,则剧烈冷加工变形(对数变形量介于1.5～2)是必需的;如果要求高的疲劳寿命,则冷轧变形量需要控制在 0.75～1 之间。

　　剧烈冷轧变形处理 TiNi 合金疲劳寿命下降主要是由冷变形过程中诱发的缺陷所导致[66]。因此,提高冷轧温度或引入中间退火有望提高疲劳寿命。Kreitcberg 等的研究证实上述思路是可行的[67],他们归纳了两条提高 $Ti_{49.74}Ni_{50.26}$ 合金的疲劳特性的方法:①将冷轧对数变形量自 1.2 减小到 0.75;②冷轧(对数变形量为 1)+中间退火+温轧(轧制温度为 150℃,对数变形量为 0.2)。这可归结为如下原因:中间退火和温轧可促进纳米晶/纳米亚晶混合微观组织的形成；可减小轧制缺陷；可在 B2 母相中形成有利织构。

6.6　冷轧钛镍基合金的纳米力学行为

6.6.1　加载速率的影响

研究表明[64]，TiNi 基形状记忆合金在动态载荷作用下的力学行为与准静态条件下的情况存在较大差异，因此掌握高加载速率条件下合金的力学响应规律及内在机制对于驱动器的设计和应用具有重要意义。另一方面，TiNi 基记忆合金表现出较强的抗涡蚀损伤能力，有望在改善流体机械的性能和使用寿命方面获得一定应用[64]。涡蚀是指由于温度或者压力变化等原因，导致液体中的气泡产生、发展和溃灭，在此过程中，气泡溃灭所形成的高速气流与材料的表面相互作用所引发的腐蚀现象。高速气流的运动速率甚至超过声速。抗涡蚀损伤能力可以通过压痕实验中压入过程所做的功以及不可恢复变形之间的关系定量描述[68]，但是如果要准确地描述高速运动的气流与材料表面之间的相互作用，必须搞清楚动态加载条件下合金的纳米力学行为。

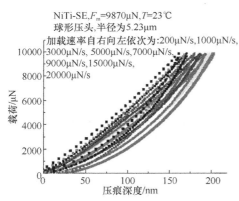

图 6-32 所示为 $Ti_{48.65}Ni_{51.35}$ 合金在不同加载速率下的载荷-位移曲线[69]。合金的晶粒尺寸约为 50～100nm，室温下处于超弹性状态。在测试条件下，不同加载速率的载荷-位移曲线均表现出完全的形状恢复。随加载速率增大，压痕的最大深度逐渐减小，而在 Cu 和石英等在加载中不发生相变的材料中，加载速率对压痕最大深度的影响较小。上述压痕最大深度随加载速率的变化主要与加载过程中发生的应力诱发马氏体相变有关，应力诱发马氏体相变放热，导致压头下方的相变区域温度升高。进一步的研究[70]表

图 6-32　$Ti_{48.65}Ni_{51.35}$ 合金在不同加载速率下的载荷-位移曲线

明，当加载速率为 4500μN/s 与 30000μN/s 时，压头下方相变区域的温度升高分别为 8℃和 47℃。根据克劳修斯-克拉珀龙方程，合金温度升高将导致相变应力增大。加载速率越快，应力诱发马氏体相变越快，从而相变放热越快。这导致相变区域的温度升高较快。对于给定的最大载荷，这意味着加载速率越快，发生应力诱发马氏体相变的体积越小，因此压痕最大深度越小。

图 6-33 所示为组合加载/卸载速率条件下，Ti$_{48.65}$Ni$_{51.35}$ 合金的载荷-位移曲线[71]，最大载荷保持在 10000μN。组合速率是指加载或卸载过程中，载荷变化速率不是恒定的，可分为两种：一种是加载速率变化，卸载速率恒定，如图 6-33(a)中所示的加载速率为 20000μN/s+400μN/s，卸载速率为 400μN/s；另一种为加载速率恒定，卸载速率变化，如图 6-33(b)中所示的加载速率为 400μN/s，卸载速率为 20000μN/s+400μN/s。两种情况下，最显著的特征是图 6-33(b)中合金的残余应变大于图 6-33(a)。图 6-34 所示为根据图 6-33 中数据分析所得到的耗散能量[71]。可见，加载速率的变化对耗散能量的影响可忽略不计，而卸载速率变化显著影响加载/卸载过程中的耗散能量。这主要是因为加载过程中存在压痕区域放热和冷却两个过程，而卸载过程中仅存在冷却过程。

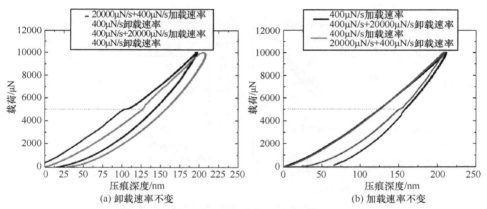

图 6-33　Ti$_{48.65}$Ni$_{51.35}$合金在组合加载/卸载频率下的载荷-位移曲线

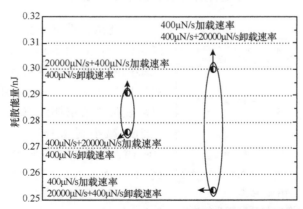

图 6-34　图 6-33 中组合加载/卸载频率条件下的耗散能量

6.6.2　循环变形的影响

　　早期纳米压痕循环对 TiNi 基合金力学行为的影响主要集中在薄膜方面[72]，发现随循环次数增加，耗散能量下降，并且薄膜耗散的能量随载荷保持时间的增加而单调下降。图 6-35 所示为纳米晶 $Ti_{48.65}Ni_{51.35}$ 合金在不同循环变形间隔下的载荷-位移曲线[73]。当相邻变形间隔为零时，加载/卸载速率为 $2000\mu N/s$，连续加载到 10 次。由图 6-36(a)可见，载荷-位移曲线表现出锯齿状特征，每次卸载后，曲线上均表现出一定的残余应变。当相邻变形间隔为 60s 时，加载/速率为 $2000\mu N/s$，每次加载后，压头均离开压痕位置，因此循环加载时每次位移均从零开始。由图 6-35 可见，当循环变形次数为 6 时，载荷-位移曲线开始稳定，残余深度不在发生变化。

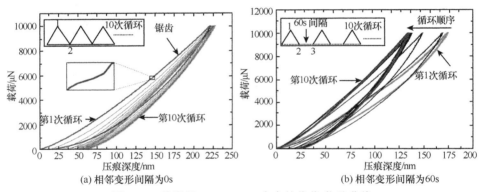

(a) 相邻变形间隔为0s　　　　　　　　(b) 相邻变形间隔为60s

图 6-35　纳米晶 $Ti_{48.65}Ni_{51.35}$ 合金的载荷-位移曲线

压头直径为 $3.61\mu m$，最大载荷为 $10000\mu N$

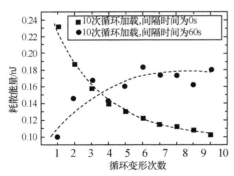

图 6-36　循环变形次数对耗散能量的影响

　　上述两种情况下循环变形次数对耗散能量的影响如图 6-36 所示[73]。可见，相邻变形间隔对变形次数与耗散能量之间的关系影响很大。当相邻变形间隔为零时，随循环变形次数增加到 10 次，耗散的能量自 0.23nJ 减小到 0.1nJ；当相邻变形间隔为 60s 时，耗散的能量随循环变形次数增加到 10 次而自 0.1nJ 增大到 0.18nJ。第 1 种情况的变化规律与 TiNi 合金薄膜[72]和拉伸变形时 TiNi 合金中[74]的情况一致。第 1 种情况下，第 10 次的耗散能量与第 2 种情况下第 1 次耗散的能量相同，这是因为两次的纳米压痕实验均在同一位置进行。第 1 种情况下耗散能量随循环变形次数的变化主要与应力诱发马氏体相变时的放热和热传导之间的平衡有关。第 2 种情况下耗散能量的变化则主要是由于在变形间隔，应力诱发马氏体相变产生的热量被耗散掉，导致临界应力不发生变化。

参 考 文 献

[1] Tsuchiya K, Hada Y, Koyano T, et al. Production of TiNi amorphous/nanocrystalline wires with high strength and elastic modulus by severe cold drawing. Scripta Materialia, 2009, 60(9): 749-752.

[2] Delville R, Malard B, Pilch J, et al. Microstructure changes during non-conventional heat treatment of thin Ni-Ti wires by pulsed electric current studied by transmission electron microscopy.Acta Materialia, 2010, 58(13): 4503-4515.

[3] Malard B, Pilch J, Sittner P, et al. In situ investigation of the fast microstructure evolution during electropulse treatment of cold drawn NiTi wires. Acta Materialia, 2011, 59(4): 1542-1556.

[4] Ahadi A, Sun Q. Effects of grain size on the rate-dependent thermomechanical responses of nanostructured superelastic NiTi. Acta Materialia, 2014, 76(1): 186-197.

[5] Koike J, Parkin D M, Nastasi M. Crystal-to-amorphous transformation of NiTi induced by cold rolling. Journal of Materials Research, 1990, 5(7): 1414-1418.

[6] Sergeeva A E, Setman D, Zehetbauer M J, et al. Effect of electroplastic deformation on martensitic transformation in coarse grained and ultrafine grained Ni-Ti shape memory alloy. Materials Science Forum, 2008, 584-586: 127-132.

[7] Schaffer J. Structure-property relationships in conventional and nanocrystalline NiTi intermetallic alloy wire. Journal of Materials Engineering and Performance, 2009, 18(5): 582-587.

[8] Lin B, Gall K, Maier H J, et al. Structure and thermomechanical behavior of NiTiPt shape memory alloy wires. Acta Biomaterialia, 2009, 5(1): 257-267.

[9] Wu S K, Lin H C, Yen Y C. A study on the wire drawing of TiNi shape memory alloys. Materials Science and Engineering: A, 1996, 215(1): 113-119.

[10] 袁志山, 王江波, 李崇剑, 等. 镍钛形状记忆合金丝材加工工艺及其影响因素. 热加工工艺, 2008, 37(5): 111-115.

[11] 杨恒, 曹文涛, 王兰英. 镍钛形状记忆合金丝材的冷拉. 金属制品, 1996, (2): 12-15.

[12] Wu S K, Lin H C, Yen Y C, et al. Wire drawing conducted in the R-phase of TiNi shape memory alloys. Materials Letters, 2000, 46(2-3): 175-180.

[13] Demers V, Brailovski V, Prokoshkin S D, et al. Optimization of the cold rolling processing for continuous manufacturing of nanostructured Ti-Ni shape memory alloys. Journal of Materials Processing Technology, 2009, 209(6): 3096-3105.

[14] Facchinello Y, Brailovski V, Prokoshkin S D, et al. Manufacturing of nanostructured Ti–Ni shape memory alloys by means of cold/warm rolling and annealing thermal treatment. Journal of Materials Processing Technology, 2012, 212(11): 2294-2304.

[15] 解焕阳, 董湘怀, 方林强. 电塑性效应及在塑性变形中的应用新进展. 上海交通大学学报, 2012, 46(7): 1059-1062.

[16] Troitskii A, Likhtman I V. Anisotropy of the effect of electron and gmma-irradiation on the process of deformation of zinc single crystals in the brittle state. Akademiya Nauk SSSR, 1963, 148: 332-334.

[17] Tang G, Zhang J, Yan Y, et al. The engineering application of the electroplastic effect in the

cold-drawing of stainless steel wire. Journal of Materials Processing Technology, 2003, 137(1): 96-99.

[18] Ross C D, Kronenberger T J, Roth J T. Effect of dc on the formability of Ti-6Al-4V. Journal of Engineering Materials and Technology, 2009, 131(3): 031004.

[19] Xu Z, Tang G, Tian S, et al. Research of electroplastic rolling of AZ31 Mg alloy strip. Journal of Materials Processing Technology, 2007, 182(1-3): 128-133.

[20] Trotskij O A, Baranov Y V. Structural aspects of electric plastic rolling of metals. Izvestiya Vysshikh Uchebnykh Zavedenij Chernaya Metallurgiya, 2003, 10: 61-65.

[21] Stolyarov V, Prokoshkin S. Electroplastic deformation effects in shape memory TiNi alloys. SMST-2007-Proceedings of the International Conference on Shape Memory and Superelastic Technologies, 2008: 27-32.

[22] Stolyarov V V. Deformability and nanostructuring of TiNi shape-memory alloys during electroplastic rolling. Materials Science and Engineering: A, 2009, 503(1-2): 18-20.

[23] Potapova A A, Resnina N N, Stolyarov V V. Shape memory effects in TiNi-based alloys subjected to electroplastic rolling. Journal of Materials Engineering and Performance, 2014, 23(7): 2391-2395.

[24] Potapova A A, Stolyarov V V. Deformability and structural features of shape memory TiNi alloys processed by rolling with current. Materials Science and Engineering: A, 2013, 579(9): 114-117.

[25] Stolyarov V V. Influence of pulse current on deformation behavior during rolling and tension of Ti–Ni alloys. Journal of Alloys and Compounds, 2013, 577: S274-S276.

[26] Nakayama H, Tsuchiya K, Umemoto M. Crystal refinement and amorphisation by cold rolling in tini shape memory alloys. Scripta Materialia, 2001, 44(8-9): 1781-1785.

[27] Nakayama H, Tsuchiya K, Liu Z G, et al. Process of nanocrystallization and partial amorphization by cold rolling in TiNi. Materials Transactions, 2001, 42(9): 1987-1993.

[28] Mohammad Sharifi E, Kermanpur A, Karimzadeh F, et al. Formation of the nanocrystalline structure in an equiatomic NiTi shape-memory alloy by thermomechanical processing. Journal of Materials Engineering and Performance, 2014, 23(4): 1408-1414.

[29] Sharifi E M, Karimzadeh F, Kermanpur A. The effect of cold rolling and annealing on microstructure and tensile properties of the nanostructured $Ni_{50}Ti_{50}$ shape memory alloy. Materials Science and Engineering: A, 2014, 607(3): 33-37.

[30] Ewert J C, Böhm I, Peter R, et al.The role of the martensite transformation for the mechanical amorphisation of NiTi. Acta Materialia, 1997, 45(45): 2197-2206.

[31] Nishida M, Ohgi H, Itai I, et al. Electron microscopy studies of twin morphologies in B19′ martensite in the Ti-Ni shape memory alloy. Acta Metallurgica et Materialia, 1995, 43(3): 1219-1227.

[32] Tsuchiya K, Inuzuka M, Tomus D, et al. Martensitic transformation in nanostructured TiNi shape memory alloy formed via severe plastic deformation. Materials Science and Engineering: A, 2006, 438-440(1): 643-648.

[33] Li Y, Li J Y, Liu M, et al. Evolution of microstructure and property of NiTi alloy induced by cold rolling. Journal of Alloys and Compounds, 2015, 653: 156-161.

[34] Kim Y H, Cho G B, Hur S G, et al. Nanocrystallization of a Ti-50.0Ni(at.%)alloy by cold working and stress/strain behavior. Materials Science and Engineering A, 2006, 438-440(3): 531-535.

[35] Tsuchiya K, Ohnuma M, Nakajima K, et al. Microstructures and enhanced properties of SPD-processed TiNi shape memory alloy. Materials Research Society Symposium Proceedings,

2009: 113-124.

[36] Brailovski V, Prokoshkin S D, Bastarash E, et al.Thermal stability and nanocrystallization of amorphous Ti-Ni alloys prepared by cold rolling and post-deformation annealing. Materials Science Forum, 2007, 539-543: 1964-1970.

[37] Peterlechner M, Bokeloh J, Wilde G, et al. Study of relaxation and crystallization kinetics of NiTi made amorphous by repeated cold rolling. Acta Materialia, 2010, 58(20): 6637-6648.

[38] Chen J Z, Wu S K. Crystallization temperature and activation energy of rf-sputtered near-equiatomic TiNi and $Ti_{50}Ni_{40}Cu_{10}$ thin films. Journal of Non-Crystalline Solids, 2001, 288(1-3): 159-165.

[39] Tong Y, Liu Y, Miao J. Phase transformation in NiTiHf shape memory alloy thin films. Thin Solid Films, 2008, 516(16): 5393-5396.

[40] Inaekyan K, Brailovski V, Prokoshkin S, et al. Characterization of amorphous and nanocrystalline Ti–Ni-based shape memory alloys. Journal of Alloys and Compounds, 2009, 473(1–2): 71-78.

[41] Waitz T, Kazykhanov V, Karnthaler H P. Martensitic phase transformations in nanocrystalline NiTi studied by TEM. Acta Materialia, 2004, 52(1): 137-147.

[42] Christian W J. The Theory of Transformaitons in Metals and Alloys. Oxford: Pergamon Press, 1965.

[43] Tong Y, Liu Y, Xie Z. Characterization of a rapidly annealed $Ti_{50}Ni_{25}Cu_{25}$ melt-spun ribbon. Journal of Alloys and Compounds, 2008, 456(1): 170-177.

[44] Lee H J, Ramirez A G. Crystallization and phase transformations in amorphous NiTi thin films for microelectromechanical systems. Applied Physics Letters, 2004, 85(7): : 1146-1148.

[45] Srivastava A K, Schryvers D, van Humbeeck J. Grain growth and precipitation in an annealed cold-rolled $Ni_{50.2}Ti_{49.8}$ alloy. Intermetallics, 2007, 15(12): 1538-1547.

[46] Zhang X Q, Geng H F, Liu F S, et al. Crystallization behavior in severely cold-drawn $Ti_{50}Ni_{47}Fe_3$ wire. Rare Metals, 2014, 33(3): 258-262.

[47] Malard B, Pilch J, Sittner P, et al. Microstructure and functional property changes in thin NiTi wires heat treated by electric current - High energy X-ray and tem investigations. Functional Materials Letters, 2009, 2(2): 45-54.

[48] Khaleghi F, Khalil-Allafi J, Abbasi-Chianeh V, et al. Effect of short-time annealing treatment on the superelastic behavior of cold drawn Ni-rich NiTi shape memory wires. Journal of Alloys and Compounds, 2013, 554(6): 32-38.

[49] Zhu R, Tang G, Shi S, et al. Effect of electroplastic rolling on deformability and oxidation of NiTiNb shape memory alloy. Journal of Materials Processing Technology, 2013, 213(1): 30-35.

[50] Zhu R F, Liu J N, Tang G Y, et al. The improved superelasticity of NiTi alloy via electropulsing treatment for minutes. Journal of Alloys and Compounds, 2014, 584(3): 225-231.

[51] Li CH, Chiang L J, Hsu Y F, et al. Cold rolling-induced multistage transformation in Ni-Rich NiTi shape memory alloys. Materials Transactions, 2008, 49(10): 2136-2140.

[52] Frenzel J, Burow J A, Payton E J, et al. Improvement of NiTi shape memory actuator performance through ultra-fine grained and nanocrystalline microstructures. Advanced Engineering Materials, 2011, 13(4): 256-268.

[53] Zhang H, Li X, Zhang X. Grain-size-dependent martensitic transformation in bulk nanocrystalline TiNi under tensile deformation. Journal of Alloys and Compounds, 2012, 544(1): 19-23.

[54] Shi X, Cui L, Jiang D, et al. Grain size effect on the R-phase transformation of nanocrystalline NiTi shape memory alloys. Journal of Materials Science, 2014, 49: 4643-4647.

[55] Shi X B, Ma Z Y, Zhang J S, et al. Grain size effect on the martensitic transformation temperatures of nanocrystalline NiTi alloy. Smart Materials and Structures, 2015, 2015, 24(7): 072001.

[56] Ahadi A, Sun Q. Stress-induced nanoscale phase transition in superelastic NiTi by in situ X-ray diffraction. Acta Materialia, 2015, 90: 272-281.

[57] Mei Q S, Zhang L, Tsuchiya K, et al. Grain size dependence of the elastic modulus in nanostructured NiTi. Scripta Materialia, 2010, 63(10): 977-980.

[58] Sun Q, Aslan A, Li M, et al. Effects of grain size on phase transition behavior of nanocrystalline shape memory alloys. Science China Technological Sciences, 2014, 57(4): 671-679.

[59] Ahadi A, Sun Q. Stress hysteresis and temperature dependence of phase transition stress in nanostructured NiTi—Effects of grain size. Applied Physics Letters, 2013, 103(2): 021902.

[60] Brailovski V, Prokoshkin S D, Khmelevskaya I Y, et al. Structure and properties of the Ti-50.0 at%Ni alloy after strain hardening and nanocrystallizing thermomechanical processing. Materials Transactions, 2006, 47(3): 795-804.

[61] Cui J, Chu Y S, Famodu O O, et al. Combinatorial search of thermoelastic shape-memory alloys with extremely small hysteresis width. Nature Materialias, 2006, 5(4): 286-290.

[62] Prokoshkin S D, Brailovski V, Inaekyan K E, et al. Structure and properties of severely cold-rolled and annealed Ti-Ni shape memory alloys. Materials Science and Engineering: A, 2008, 481-482(1): 114-118.

[63] Prokoshkin S, Brailovski V, Korotitskiy A, et al. Formation of nanostructures in thermomechanically-treated Ti-Ni and Ti-Nb-(Zr, Ta)SMAs and their roles in martensite crystal lattice changes and mechanical behavior. Journal of Alloys and Compounds, 2013, 577(S1): S418-S422.

[64] 郑玉峰, Liu Y. 工程用镍钛合金.北京: 科学出版社, 2017.

[65] Demers V, Brailovski V, Prokoshkin S D, et al. Thermomechanical fatigue of nanostructured Ti–Ni shape memory alloys. Materials Science and Engineering: A, 2009, 513-514: 185-196.

[66] Brailovski V, Prokoshkin S, Inaekyan K, et al. Functional properties of nanocrystalline, submicrocrystalline and polygonized Ti-Ni alloys processed by cold rolling and post-deformation annealing. Journal of Alloys and Compounds, 2011, 509: 2066-2075.

[67] Kreitcberg A, Brailovski V, Prokoshkin S, et al. Microstructure and functional fatigue of nanostructured Ti–50.26 at%Ni alloy after thermomechanical treatment with warm rolling and intermediate annealing. Materials Science and Engineering: A, 2013, 562(1): 118-127.

[68] Cheng F T, Shi P, Man H C. Correlation of cavitation erosion resistance with indentation-derived properties for a NiTi alloy. Scripta Materialia, 2001, 45(9): 1083-1089.

[69] Amini A, He Y, Sun Q. Loading rate dependency of maximum nanoindentation depth in nano-grained NiTi shape memory alloy. Materials Letters, 2011, 65: 464-466.

[70] Amini A, Cheng C, Naebe M, et al. Temperature variations at nano-scale level in phase transformed nanocrystalline NiTi shape memory alloys adjacent to graphene layers. Nanoscale, 2013, 5(14): 6479-6484.

[71] Amini A, Cheng C, Asgari A. Combinational rate effects on the performance of nano-grained pseudoelastic Nitinols. Materials Letters, 2013, 105(1): 98-101.

[72] Ma X G, Komvopoulos K. Pseudoelasticity of shape-memory titanium-nickel films subjected to dynamic nanoindentation. Applied Physics Letters, 2004, 84: 4274-4276.

[73] Amini A, Cheng C, Kan Q, et al. Phase transformation evolution in NiTi shape memory alloy under cyclic nanoindentation loadings at dissimilar rates. Scientific Reports, 2013, 3(12): 3412.

[74] Miyazaki S, Imai T, Igo Y, et al. Effect of cyclic deformation on the pseudoelasticity characteristics of Ti-Ni alloys. Metallurgical transactions A, Physical Metallurgy and Materials Science, 1986, 17 A(1): 115-120.

第7章 超细晶钛镍基形状记忆合金的表面改性

凭借其独特的形状记忆效应、超弹性、低弹性模量等优良的力学性能以及良好的生物相容性，TiNi 合金在生物医用领域，尤其是人体植入器械方面获得了广泛应用。长期服役条件下，TiNi 合金在各种体液离子的作用下发生腐蚀，一方面导致植入器械的力学性能发生变化，另一方面，还会导致 Ni 离子析出，引发各种潜在的不良反应，如致敏、致畸等[1, 2]。各种表面改性手段被用来改善植入器械的生物相容性和抑制 Ni 离子析出，主要包括氧化处理[3, 4]、等离子体表面处理[5-7]、表面涂层[8]、表面激光熔化改性[9]、表面机械处理[10, 11]等。超细晶 TiNi 合金优异的综合性能来自于其自身独特的显微组织，如超细的晶粒尺寸、较高的缺陷密度等。因此，在选择表面改性工艺时必须更加慎重。基本原则是在不改变合金显微组织的前提下，尽可能地改善合金的生物相容性。基于上述考虑，研究者有选择地使用表面机械处理与化学处理相结合的方式[12]、溶胶-凝胶法制备涂层[13]、化学抛光[14]和阳极氧化[15]等低温或常温改性手段来处理超细晶 TiNi 合金，并取得了一定的进展。

7.1 表面机械与化学处理超细晶钛镍基合金

合金中常见的表面机械处理包括喷砂(丸)、机械研磨等，主要用于清理表面、去除氧化皮、铸、锻等工件中残余应力，或者表面纳米化等。化学处理则指的是利用各种酸性、碱性溶液与合金之间的化学反应，对合金进行表面改性的一类工艺。Zheng 等[12, 16]采用等径角挤压工艺获得了超细晶 $Ti_{49.2}Ni_{50.8}$ 合金，然后利用喷丸、酸蚀和碱处理结合的方式在合金表面构筑出不同表面。本节将经研磨、清洗后的超细晶试样表示为 UFG-TiNi(光滑表面)；将经同样处理的粗晶试样表示为 CG-TiNi。表面处理的具体工艺如下：将 UFG-TiNi 试样在 0.5MPa 下用 60 目刚玉喷砂处理，并进行清洗(SB-TiNi，不规则粗糙表面)。将部分 SB-TiNi 试样在体积比为 15：5：80 的 HNO_3、HF 与水混合溶液中超声处理 1min，然后清洗(AE-TiNi，多孔表面)；将部分 SB-TiNi 样品先在 100℃的 40%HCl 处理 10min，然后在 60℃的 NaOH 溶液中处理 24h，最后漂洗烘干(AEAT-TiNi，层级多孔表面)。下面将着重叙述经过上述处理后，超细晶 $Ti_{49.2}Ni_{50.8}$ 合金的表面形貌与生物相容性等。

7.1.1　表面形貌

图 7-1 所示为不同处理后超细晶 $Ti_{49.2}Ni_{50.8}$ 合金的表面形貌[12, 16]。可见，UFG-TiNi 合金表面光滑平整，有轻微的划痕。喷砂处理严重破坏了合金表面，如图 7-1(b)所示，并且在表面形成了锐钛矿型氧化钛以及一些无定形相[12, 16]。同时，能谱分析结果表明，喷砂后的试样表面含有少量 Al 元素，而经后续处理的 AE-TiNi 和 AEAT-TiNi 试样未检测到 Al。因此，后续酸处理能有效去除喷砂过程残留的刚玉颗粒。图 7-1(c)显示 AE-TiNi 合金表面为多孔状，孔径为几微米到几十微米不等。而 AEAT-TiNi 合金呈层级多孔结构，孔径为数十纳米的纳米孔镶嵌在孔径为数十微米的大坑内部，如图 7-1(d)所示。进一步分析表明，AE-TiNi 合金表面为 Ti_2Ni 与 TiO_2，而 AEAT-TiNi 合金表面主要为 TiNi、$TiNiH_{0.5}$，同时含有一薄层的钛酸钠。

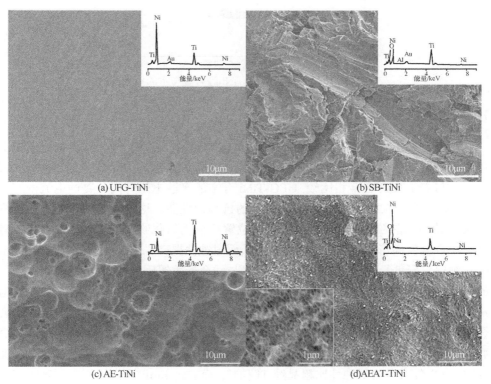

图 7-1　不同超细晶 $Ti_{49.2}Ni_{50.8}$ 合金的表面形貌

表 7-1 比较了经过不同表面处理后粗晶与超细晶试样的表面粗糙度[12, 16]。UFG-TiNi 粗糙度比 CG-TiNi 略高，喷砂处理后 UFG-TiNi 表面粗糙度由 0.042μm 升高至 1.597μm，后续酸蚀或酸蚀＋碱处理进一步提高表面粗糙度。图 7-2 所示为

不同试样与蒸馏水的接触角示意图[12, 16]。AE-TiNi 试样与蒸馏水的接触角最大，而 AEAT-TiNi 最小。

表 7-1　不同状态 TiNi 合金的表面粗糙度

试样	CG-TiNi	UFG-TiNi	SB-TiNi	AE-TiNi	AEAT-TiNi
$R_a/\mu m$	0.028±0.007	0.042±0.006	1.597±0.076	1.643±0.030	1.798±0.040

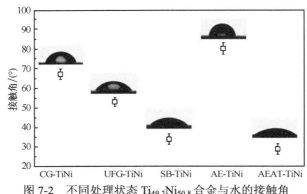

图 7-2　不同处理状态 $Ti_{49.2}Ni_{50.8}$ 合金与水的接触角

7.1.2　生物相容性

图 7-3(a)所示为不同处理状态 $Ti_{49.2}Ni_{50.8}$ 合金的极化曲线[12, 16]。从极化曲线上可以得到试样的腐蚀电位(E_{corr})、腐蚀电流(i_{corr})和点蚀电位(E_{pit})，具体结果如表 7-2 所示。与 CG-TiNi 合金相比较，UFG-TiNi 合金的腐蚀电位升高、腐蚀电流密度下降，这意味着晶粒细化提高了 TiNi 合金的抗腐蚀性能。这可能是由于超细晶试样中表面晶界和晶粒内位错密度大，这些位置可以为氧化物形成提供成核位置，有利于在合金表面形成更致密的氧化膜，从而耐蚀性提高。超细晶处理后，TiNi 合金的点蚀电位降低，这可能是由于表面缺陷与残余应力等因素的影响。这与 Nie 等[17] 的研究结果不同。他们发现，高压扭转制备的超细晶 $Ti_{49.8}Ni_{50.2}$ 合金在 Hank's 溶液和人工唾液中具有比其对应粗晶合金更优异的抗点蚀能力。这可能与测试的合金及溶液成分不一致有关，更有可能与试样的表面状态有关。在超细晶纯 Ti 的耐腐蚀性研究中，现有结果也存在不一致之处。Garbacz 等[18]发现超细晶纯 Ti 在 0.9%NaCl 溶液中的耐蚀性比粗晶纯 Ti 稍差，而 Balyanov 等[19]的研究则表明超细晶纯 Ti 的耐蚀性优于其对应的粗晶纯 Ti。

经过表面处理后，试样的腐蚀电位均高于 UFG-TiNi、AE-TiNi 试样的腐蚀电位最高，即所有试样中，该样品的表面钝化较好，腐蚀倾向性最低。AEAT-TiNi 试样的腐蚀电流密度最大，意味着在所用试样中，一旦发生腐蚀，AEAT-TiNi 试样的腐蚀速率最大。所有的表面处理均可以提高点蚀电位, 其中 AE-TiNi 试样的抗点蚀能力最强。

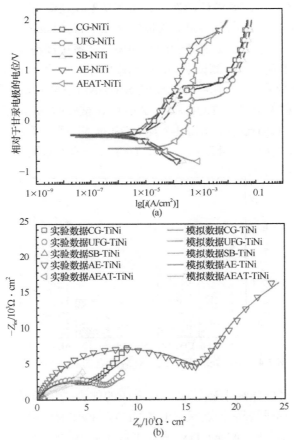

图 7-3　不同状态 $Ti_{49.2}Ni_{50.8}$ 合金的动电位极化曲线(a)与奈奎斯特阻抗谱(b)

表 7-2　电化学测试结果

试样	E_{corr}/mV(SCE)	i_{corr}/(μA/cm^2)	E_{pit}/mV(SCE)	R_p/Ω·cm^2	R_b/Ω·cm^2
CG-TiNi	−294	4.40	534	28.29	6667
UFG-TiNi	−272	3.41	393	28.33	6374
SB-TiNi	−286	4.07	704	30.59	2302
AE-TiNi	−265	3.51	1539	119.7	12410
AEAT-TiNi	−544	44.1	1310	28.38	529.8

　　图 7-3(b)给出了不同处理状态的 TiNi 合金的电化学阻抗谱[12, 16]。考虑钛合金表面氧化层可以分为致密的内层和疏松的表层[20], 采用含有两个时间常数的等效

电路模型对实验数据进行拟合。可见,实验数据与拟合曲线吻合良好,AE-TiNi 试样表现出最大的圆弧半径。这表明,其阻抗值最大,耐腐蚀性最强;而 AEAT-TiNi 试样的圆弧半径最小,耐腐蚀性最差。这与图 7-3(a)结果一致。

考虑 TiNi 合金中 Ni 离子溶出对人体的潜在危害,Zheng 等[12, 16]将不同处理状态的超细晶 $Ti_{49.2}Ni_{50.8}$ 合金在 37℃±0.5℃的模拟体液中浸泡 28 天,然后采用电感耦合等离子体原子发射光谱测试了 Ni 离子浓度。图 7-4 所示为不同处理状态 TiNi 合金的 Ni 离子释放量[12, 16]。在所有试样中,SB-TiNi 试样的 Ni 离子释放量最低,这可能是与喷砂过程中形成的 TiO_2 有关。AE-TiNi 试样的 Ni 离子释放量虽然稍高,但是仍低于 UFG-TiNi 试样。AEAT-TiNi 试样的 Ni 离子释放量最高,因此喷砂+酸蚀+碱洗的表面处理工艺并不适合处理 TiNi 合金植入器械。

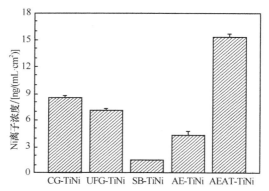

图 7-4　不同处理状态 $Ti_{49.2}Ni_{50.8}$ 合金的 Ni 离子释放量

植入器械在模拟体液中诱导磷灰石形成的能力是检验其生物活性的重要标志。图 7-5 所示为不同表面处理状态的 TiNi 在模拟体液中浸泡不同时间后的表面形貌[12, 16]。浸泡 3 天后,AEAT-TiNi 表面形成了完整的钙磷层(图 7-5(a))。这主要是由于其表面碱处理生成的钛酸钠层。钠离子能与周围环境中的水合氢离子交换,在基体表面形成 Ti-OH 从而诱导磷灰石形成。而 SB-TiNi 表面仅有少量的钙磷颗粒沉积(图 7-5(b),AE-TiNi 表面的钙磷颗粒最少(图 7-5(c))。经过 7 天浸泡后,SB-TiNi 表面为完整的钙磷层所覆盖,这是因为喷砂过程形成的锐钛矿型 TiO_2;AE-TiNi 表面有大量的钙磷颗粒生成,14 天后表面形成了完整的钠、镁替代型磷灰石层(图 7-5(e), (f))。如果以各种试样在模拟体液中形成完整的钙磷层的时间来衡量其生物活性,则各试样的生物活性顺序如下: AEAT-TiNi ＞ SB-TiNi ＞ AE-TiNi ＞ UFG-TiNi。与图 7-2 的结果比较发现,在三组表面改性样品中,亲水性的顺序是: AEAT-TiNi ＞ SB-TiNi ＞ AE-TiNi,耐腐蚀性的顺序是: AEAT-TiNi ＜ SB-TiNi ＜AE-TiNi。这意味着亲水性较好的表面,其生物活性较高、耐腐蚀较差。

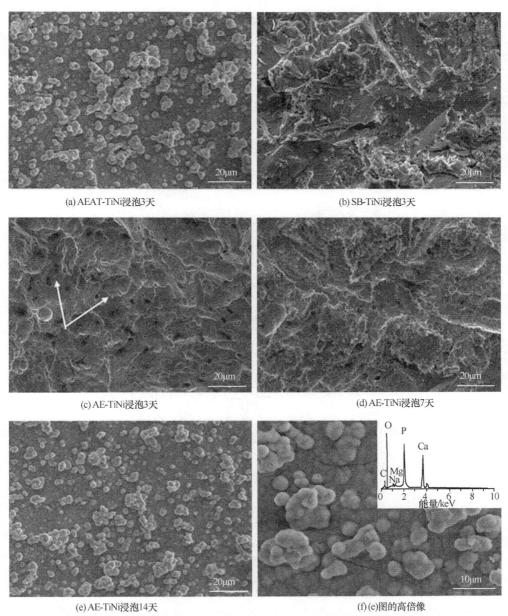

(a) AEAT-TiNi浸泡3天　　　　　　　　(b) SB-TiNi浸泡3天

(c) AE-TiNi浸泡3天　　　　　　　　(d) AE-TiNi浸泡7天

(e) AE-TiNi浸泡14天　　　　　　　　(f) (e)图的高倍像

图 7-5　不同状态 $Ti_{49.2}Ni_{50.8}$ 合金在模拟体液中浸泡不同时间的表面形貌

Zheng 等[12, 16]比较了 MG63 成骨细胞在 UFG-TiNi、SB-TiNi 和 AE-TiNi 合金表面的黏附与增殖行为，如图 7-6 所示。选用 CG-TiNi 合金作为对照组。细胞培养 4h 后，CG-TiNi、UFG-TiNi 和 SB-TiNi 表面细胞数量相当，而 AE-TiNi 表面细胞相对较少；培养 24h 后，UFG-TiNi 和 SB-TiNi 表面细胞数量较 CG-TiNi 和

AE-TiNi 高, CG-TiNi 和 AE-TiNi 表面的细胞数量无统计学意义差别。培养 3 天、7 天、9 天后, 用 MTT 活性检测法检测 MG63 细胞量。细胞培养 3 天时, 四组样品中 SB-TiNi 表面细胞量最多, 而培养 7 天和 9 天后, UFG-TiNi 和 AE-TiNi 表面细胞最多。对未表面处理的 CG-TiNi 和 UFG-TiNi 而言, UFG-TiNi 显示出相对 CG-TiNi 更好的细胞相容性, 这与已有研究结果基本一致[17, 21, 22]。

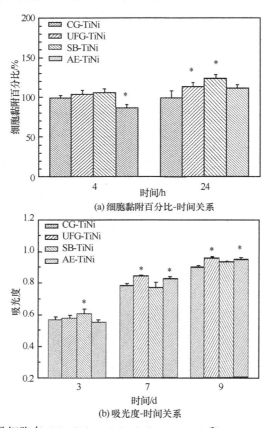

(a)细胞黏附百分比-时间关系

(b)吸光度-时间关系

图 7-6　MG63 成骨细胞在 CG-TiNi、UFG-TiNi、SB-TiNi 和 AE-TiNi 表面的黏附与增殖
星号表示 UFG-TiNi、SB-TiNi 和 AE-TiNi 与 CG-TiNi 试样相比较的显著区别

图 7-7 所示为 MG63 成骨细胞在 CG-TiNi、UFG-TiNi、SB-TiNi 和 AE-TiNi 表面分别培养 4h 和 3d 后的形貌[12, 16]。培养 4h 后, MG63 细胞很好地黏附在各试样表面, 除 SB-NiTi 表面细胞相对较扁平、伪足较少外, 其他各组细胞伪足丰富、形态健康; 培养 3 天后, 各组细胞铺展良好。这可能与不同表面处理后, 合金表面的润湿性、表面形貌与成分等有关。需要注意的是, SB-TiNi 合金经喷砂后表面残留了一些 Al_2O_3 颗粒。长时间下, Al_2O_3 颗粒有可能会溶出, 从而对细胞生长产生有害影响[23]。

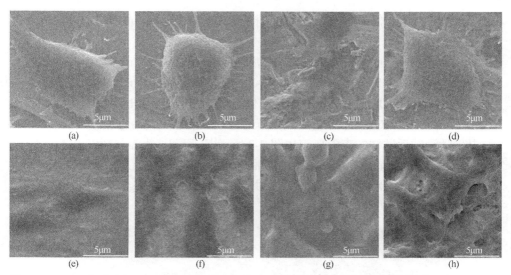

图 7-7　MG63 细胞在 CG-TiNi((a), (e))、UFG-TiNi 合金((b), (f))、SB-TiNi((c), (g))与 AE-TiNi((d), (h))中培养 4h((a)~(d))与 3 天((e)~(h))后的表面形貌

综合考虑合金的耐腐蚀能力、生物活性和细胞相容性，喷砂＋酸蚀处理不仅降低表面 Ni 含量，而且显著增加了点蚀抗力、表层钙磷形成能力和更好的细胞相容性，是上述表面处理工艺中的最佳选择。

7.2　溶胶-凝胶法处理超细晶钛镍基合金

溶胶-凝胶法是一种制备生物陶瓷、生物活性 TiO_2 涂层及金属氧化物玻璃的低温湿化学方法。研究者已经利用溶胶-凝胶法在 TiNi 合金和 316L 不锈钢表面制备了 TiO_2、TiO_2-SiO_2 和 SiO_2-Al_2O_3 等生物涂层，成功达到了提高合金生物活性与抑制有害离子释放的目的[24-27]。

SrO-SiO_2-TiO_2 是一种新型的可促进骨组织愈合的陶瓷涂层。Zheng 等[13]利用溶胶-凝胶法在超细晶 $Ti_{49.2}Ni_{50.8}$ 合金表面制备了上述涂层。具体的制备工艺如下：①制备 TiO_2 溶胶。将四异丙醇钛溶于乙醇中，然后与由乙酰丙酮、浓度为 37%的盐酸与去离子水组成的溶液混合，将上述溶胶在室温静置 6h。②制备 SrO-SiO_2 溶胶。将四乙氧基硅烷溶于乙醇中，然后与由硝酸锶、浓度为 37%的盐酸与去离子水组成的溶液混合，将上述溶胶在室温静置 6h。③将 TiO_2 溶胶与 SrO-SiO_2 溶胶混合，在 4℃静置 12h 获得 SrO-SiO_2-TiO_2 溶胶。上述制备过程中确保 SrO：SiO_2：TiO_2 的物质的量比保持在 3：25：72。④将超细晶 $Ti_{49.2}Ni_{50.8}$ 合金浸入 SrO-SiO_2-TiO_2 溶胶中，在室温以 5mm/min 的速度提拉；将试样依次在 50℃、100℃和 150℃干燥

30min; 重复上述过程 5 次。⑤最后将试样在 200℃处理 8h。最终制得涂层的厚度约为 200nm。

　　模拟体液中的电化学测试表明[13], 对超细晶 $Ti_{49.2}Ni_{50.8}$ 合金进行 $SrO\text{-}SiO_2\text{-}TiO_2$ 涂层改性后, 腐蚀电位自–272mV 增加至–207mV, 腐蚀电流密度自 $3.41\mu A/cm^2$ 减小至 $0.629\mu A/cm^2$, 点蚀电位自 393mV 剧增至 1800mV。这表明, 溶胶-凝胶法制备的 $SrO\text{-}SiO_2\text{-}TiO_2$ 涂层可以有效提高超细晶 $Ti_{49.2}Ni_{50.8}$ 合金的腐蚀抗力。电化学测试后试样的表面形貌如图 7-8 所示[13]。可见, 粗晶与超细晶 $Ti_{49.2}Ni_{50.8}$ 合金的表面均出现了点蚀坑, 而经过表面改性的超细晶合金仅在高倍观察下发现裂纹。能谱分析结果表明, 裂纹处的涂层中包括 Ca、P、Mg、Na 等元素, 表明 $SrO\text{-}SiO_2\text{-}TiO_2$ 涂层是生物活性的。

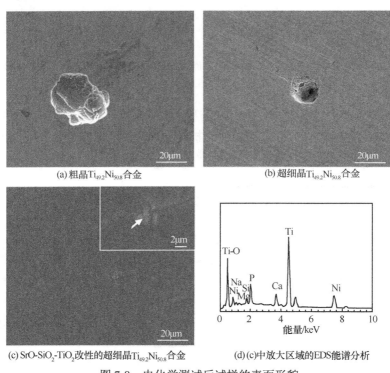

(a) 粗晶$Ti_{49.2}Ni_{50.8}$合金　　　　　　　　(b) 超细晶$Ti_{49.2}Ni_{50.8}$合金

(c) $SrO\text{-}SiO_2\text{-}TiO_2$改性的超细晶$Ti_{49.2}Ni_{50.8}$合金　　(d)(c)中放大区域的EDS能谱分析

图 7-8　电化学测试后试样的表面形貌

　　图7-9给出了培养4h和3天后, 成骨细胞MG63在粗晶、超细晶和经$SrO\text{-}SiO_2$-TiO_2改性超细晶 TiNi 合金表面的黏附铺展和生长增殖形貌[13]。可见, 培养 4h 后, MG63 细胞在所有试样表面黏附良好。培养 3 天后, 大量细胞黏连成片并铺展在材料表面, 完全包覆材料基体, 看不到新鲜的材料表面。比较图 7-9(c)与(e), (d)与(f)可以发现, 培养 4h 后, 经改性的超细晶合金表面黏附的细胞数量多、扩展面积

大。培养 3 天后，改性超细晶合金表面覆盖的细胞数量更多。这意味着 SrO-SiO$_2$-TiO$_2$ 涂层能够增强细胞的黏附、扩展和增殖。这主要与涂层中少量的 SrO 有关。

SrO-SiO$_2$-TiO$_2$ 涂层可显著降低超细晶 TiNi 合金中 Ni 离子的释放量，进一步改善合金的细胞相容性，如图 7-10 所示[13]。上述结果表明，利用溶胶-凝胶法在超细晶 TiNi 合金表面制备 SrO-SiO$_2$-TiO$_2$ 涂层是一种提高生物活性和降低 Ni 离子释放量的有效手段。

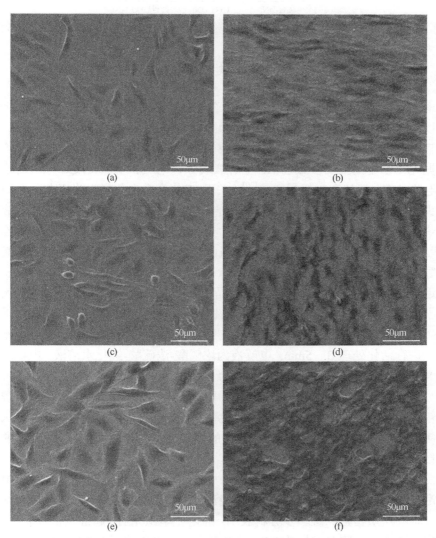

图 7-9　MG63 细胞在粗晶 TiNi 合金((a), (b))、超细晶 TiNi 合金((c), (d))与 SrO-SiO$_2$-TiO$_2$ 改性超细晶 TiNi 合金((e), (f))中培养 4h((a), (c), (e))和 3 天((b), (d), (f))后的形貌观察

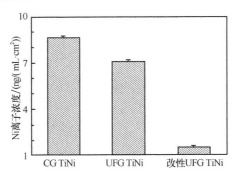

图 7-10　粗晶、超细晶与 SrO-SiO$_2$-TiO$_2$ 改性的超细晶 Ti$_{49.2}$Ni$_{50.8}$ 合金的 Ni 离子释放量

7.3　电化学抛光处理超细晶钛镍基合金

电化学抛光又称电解抛光，是 TiNi 合金表面钝化的第一选择[1]。其技术原理在于以 TiNi 合金为阳极，不溶性金属为阴极，将两极同时浸入到电解槽中，然后通以直流电，阳极发生选择性溶解，最终达到提高工件表面粗糙度的目的[28]。电化学抛光工艺中的重要参数包括：电解液成分、电压和电流密度、电解浴槽的温度、电解时间、搅拌和电极材料等[29]。关于 TiNi 合金电化学抛光工艺的全面报道比较少，大部分报道仅给出了电解液成分。电解液主要有冰醋酸-高氯酸溶液[30]、硝酸-甲醇溶液[31]、水质甲醇-硫酸溶液[32]、甲醇-硝酸溶液[33]、硫酸-盐酸-乙二醇溶液[34]、甲醇-高氯酸溶液[35]等。有关粗晶 TiNi 合金的电化学抛光工艺及其对生物相容性的影响等内容可以参考文献[1]、[36]，这里不再赘述。

近期，凌智勇与许晓静等[14, 37]以粗晶与超细晶 Ti$_{49.2}$Ni$_{50.8}$ 合金为试样，比较了电化学抛光对两者表面形貌和生物相容性的影响。超细晶试样由等径角挤压工艺获得。其具体抛光工艺如下：抛光前，采用 17%(质量分数)稀硫酸溶液对机械抛光的合金进行活化处理 3～5min；电解液为浓磷酸-浓硫酸-纯化水溶液，电解溶液温度为 80～90℃，电压为 10～12V，频率为 800Hz，处理时间为 60 s。

与普通粗晶 Ti$_{49.2}$Ni$_{50.8}$ 合金相比较，电化学抛光后，超细晶合金表现出较小的表面粗糙度、较好的耐磨性能、较低的腐蚀电流密度和腐蚀速率[14]。这意味着超细晶 TiNi 合金电化学抛光表面具有较强的抗腐蚀能力。这与未经抛光处理的合金中晶粒尺寸对抗腐蚀性能的影响一致[17]。

图 7-11 所示为经电化学抛光的粗晶与超细晶 Ti$_{49.2}$Ni$_{50.8}$ 合金试样在模拟体液中浸泡 21 天后的表面形貌与成分[14]。浸泡 21 天后试样表面为呈典型层状结构生长的 Ca-P 层所覆盖。进一步分析表明，经电化学抛光后，超细晶试样表面 Ca-P 层的生长速率约为粗晶试样的 2.8 倍，说明前者具有较高的生物活性。当电化学抛光时间自 60s 增加到 180s，粗晶 Ti$_{49.2}$Ni$_{50.8}$ 合金的生物活性略有提高，而超细晶合

金的生物活性大幅度降低，但仍高于粗晶合金[37]。

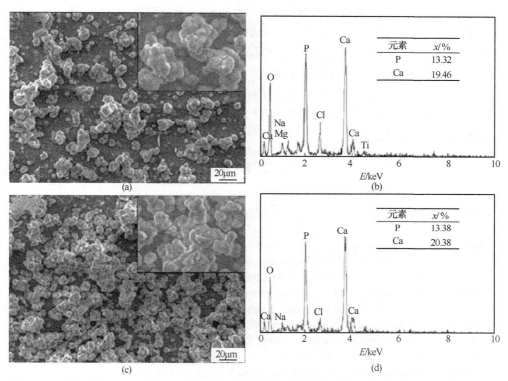

图 7-11　电化学抛光 $Ti_{49.2}Ni_{50.8}$ 合金试样在模拟体液中浸泡 21 天后表面 Ca-P 层的形貌与成分
(a)与(b)分别为粗晶试样的形貌与成分；(c)与(d)分别为超细晶试样的形貌与成分

7.4　阳极氧化处理超细晶钛镍基合金

TiNi 合金的氧化处理包括热氧化、阳极氧化与微弧氧化[2]。热氧化需要在较高的温度下对合金进行处理，因此并不适合处理超细晶合金。阳极氧化是一种电解氧化，指的是在特定电解液中，合金作为阳极在外加电场作用下通过电化学氧化在合金表面形成氧化膜的过程。其处理温度一般较低。微弧氧化过程中的弧光放电产生的瞬时高温高压可能导致合金表面晶粒长大，从而在合金中形成表层为粗晶、内部为超细晶的梯度显微组织。Yao 等[38]的研究结果证实了上述推测，他们发现经过微弧氧化处理的超细晶纯 Ti 硬度低于未经处理的试样，并且表面出现了约 1μm 厚的薄层，薄层内部的晶粒发生显著增大。因此，只有阳极氧化既能保持合金的超细晶结构，又能对合金进行表面改性。

许晓静等[15]比较研究了不同阳极氧化时间对粗晶和超细晶 TiNi 合金表面形貌与生物活性的影响。其具体的阳极氧化工艺如下：采用玻璃珠对 TiNi 合金进行喷砂预处理。电解液为六偏磷酸钠、硅酸钠、氢氧化钠与蒸馏水的混合溶液,电压为270~280V,脉冲频率为600Hz,占空比为6%,处理时间为3min和9min。结果表明,经过上述工艺处理后,粗晶与超细晶 TiNi 合金表面均形成了 TiO_2 膜层,同时电解液中的 P、Si 等元素进入了膜层。在模拟体液中的浸泡试验表明,超细晶 TiNi 合金表面 Ca-P 层的增长速率远高于粗晶合金的数值,说明超细晶合金的生物活性要高于粗晶合金。这可能是由于超细晶合金中晶体缺陷密度大,可为 Ca、P 等扩散提供更多的通道。随氧化时间自 3min 延长至 9min,两种合金表层 Ca-P 层增长速率的差距缩小。

参 考 文 献

[1] 郑玉峰, 赵连城. 生物医用镍钛合金. 北京: 科学出版社, 2004.

[2] 孙怡冉, 赵婷婷, 王胜难, 等. NiTi 合金表面改性研究进展. 稀有金属, 2014, 38: 312-319.

[3] Vojtěch D, Voděrová M, Fojt J, et al. Surface structure and corrosion resistance of short-time heat-treated NiTi shape memory alloy. Applied Surface Science, 2010, 257(5): 1573-1582.

[4] Liu F, Xu J, Wang F, et al. Biomimetic deposition of apatite coatings on micro-arc oxidation treated biomedical NiTi alloy. Surface and Coatings Technology, 2010, 204(20): 3294-3299.

[5] Yuan B, Lai M, Gao Y, et al. The effect of pore characteristics on Ni suppression of porous NiTi shape memory alloys modified by surface treatment. Thin Solid Films, 2011, 519(15): 5297-5301.

[6] Zhao T, Li Y, Xiang Y, et al. Surface characteristics, nano-indentation and corrosion behavior of Nb implanted NiTi alloy. Surface and Coatings Technology, 2011, 205(19): 4404-4410.

[7] Zhao T, Li Y, Liu Y, et al. Nano-hardness, wear resistance and pseudoelasticity of hafnium implanted NiTi shape memory alloy. Journal of the Mechanical Behavior of Biomedical Materials, 2012, 13(9): 174-184.

[8] Chen M F, Yang X J, Liu Y, et al. Study on the formation of an apatite layer on NiTi shape memory alloy using a chemical treatment method. Surface and Coatings Technology, 2003, 173: 229-234.

[9] Ng K W, Man H C, Yue T M. Characterization and corrosion study of NiTi laser surface alloyed with Nb or Co. Applied Surface Science, 2011, 173(2-3): 3269-3274.

[10] Green S M, Grant D M, Wood J V. XPS characterisation of surface modified Ni-Ti shape memory alloy. Materials Science and Engineering: A, 1997, 224(1-2): 21-26.

[11] Hu T, Xin Y C, Wu S L, et al. Corrosion behavior on orthopedic NiTi alloy with nanocrystalline/amorphous surface. Materials Chemistry and Physics, 2011, 126(1): 102-107.

[12] Zheng C Y, Nie F L, Zheng Y F, et al. Enhanced in vitro biocompatibility of ultrafine-grained biomedical NiTi alloy with microporous surface. Applied Surface Science, 2011, 257(21): 9086-9093.

[13] Zheng C Y, Nie F L, Zheng Y F, et al. Enhanced corrosion resistance and cellular behavior of ultrafine-grained biomedical NiTi alloy with a novel SrO-SiO_2-TiO_2 sol-gel coating. Applied Surface Science, 2011, 257(257): 5913-5918.

[14] 许晓静, 张体峰, 凌智勇, 等. 超细晶 TiNi 合金表面电化学抛光表面的生物相容性. 中国有色金属学报, 2013, 23(7): 1931-1936.

[15] 许晓静, 朱利华, 张体峰, 等. 不同阳极氧化时间下常规和超细晶 TiNi 合金的生物活性.

中国表面工程, 2012, 25(5): 79-84.

[16] 郑彩云. 三种典型医用钛材料的表面改性研究. 北京: 北京大学博士后出站报告, 2011.

[17] Nie F L, Zheng Y F, Cheng Y, et al. In vitro corrosion and cytotoxicity on microcrystalline, nanocrystalline and amorphous NiTi alloy fabricated by high pressure torsion. Materials Letters, 2010, 64(8): 983-986.

[18] Garbacz H, Pisarek M, Kurzydłowski K J. Corrosion resistance of nanostructured titanium. Biomolecular Engineering, 2007, 24(5): 559-563.

[19] Balyanov A, Kutnyakova J, Amirkhanova N A, et al. Corrosion resistance of ultra fine-grained Ti. Scripta Materialia, 2004, 51(3): : 225-229.

[20] Venugopalan R, Weimer J J, George M A, et al. The effect of nitrogen diffusion hardening on the surface chemistry and scratch resistance of Ti-6Al-4V alloy. Biomaterials, 2000, 21(16): 1669-1677.

[21] Zhu Y T, Lowe T C, Valiev R Z, et al. Ultrafine-grained titanium for medical implants: United States Patent, 6399215.2002-4-6.

[22] Park J W, Kim Y J, Park C H, et al. Enhanced osteoblast response to an equal channel angular pressing-processed pure titanium substrate with microrough surface topography. Acta Biomaterialia, 2009, 5(8): : 3272-3280.

[23] Rüger M, Gensior T J, Herren C, et al. The removal of Al$_2$O$_3$ particles from grit-blasted titanium implant surfaces: Effects on biocompatibility, osseointegration and interface strength in vivo. Acta Biomaterialia, 2010, 6(7): 2852-2861.

[24] Cheng F T, Shi P, Man H C. Anatase coating on NiTi via a low-temperature sol-gel route for improving corrosion resistance. Scripta Materialia, 2004, 51(11): 1041-1045.

[25] Tiwari S K, Mishra T, Gunjan M K, et al. Development and characterization of sol–gel silica–alumina composite coatings on AISI 316L for implant applications. Surface and Coatings Technology, 2007, 201(16–17): : 7582-7588.

[26] Atik M, De Lima Neto P, Aegerter M A, et al. Sol-gel TiO$_2$-SiO$_2$ films as protective coatings against corrosion of 316L stainless steel in H$_2$SO$_4$ solutions. Journal of Applied Electrochemistry, 1995, 25(2): 142-148.

[27] Liu J X, Yang D Z, Shi F, et al. Sol-gel deposited TiO$_2$ film on NiTi surgical alloy for biocompatibility improvement. Thin Solid Films, 2003, 429(1-2): 225-230.

[28] 谢格列夫. 金属的电抛光和化学抛光. 北京: 科学出版社, 1961.

[29] Aslanidis D, Roebben G, Bruninx J, et al. Electropolishing for medical devices: Relatively new... Fascinatingly diverse. Materials Science Forum, 2002, 394-395: 169-172.

[30] Zhao H, Humbeeck J V, Scheerder I D. Surface conditioning of nickel–titanium alloy stents for improving biocompatibility. Surface Engineering, 2001, 17(17): 451-458.

[31] Pohl M, Heßing C, Frenzel J. Electrolytic processing of NiTi shape memory alloys. Materials Science and Engineering: A, 2004, 378: 191-199.

[32] Fushimi K, Stratmann M, Hassel A W. Electropolishing of NiTi shape memory alloys in methanolic H$_2$SO$_4$. Electrochimica Acta, 2006, 52(3): 1290-1295.

[33] Armitage D A, Parker T L, Grant D M. Biocompatibility and hemocompatibility of surface-modified NiTi alloys. Journal of Biomedical Materials Research Part A, 2003, 66(1): 129-137.

[34] Simka W, Kaczmarek M, Baron-Wiecheć A, et al. Electropolishing and passivation of NiTi shape memory alloy. Electrochimica Acta, 2010, 55(7): 2437-2441.

[35] 缪卫东. 钛镍形状记忆合金电化学抛光研究. 北京: 北京有色金属研究总院博士学位论文, 2004.

[36] Shabalovskaya S, Anderegg J, van Humbeeck J. Critical overview of Nitinol surfaces and their modifications for medical applications. Acta Biomaterialia, 2008, 4(3): 447-467.

[37] 凌智勇, 许晓静, 张体峰, 等. 电化学抛光时间对常规和超细晶 TiNi 合金生物活性的影响. 功能材料, 2012, 43(21): 2958-2961.

[38] Yao Z Q, Ivanisenko Y, Diemant T, et al. Synthesis and properties of hydroxyapatite-containing porous titania coating on ultrafine-grained titanium by micro-arc oxidation. Acta Biomaterialia, 2010, 6(7): 2816-2825.

第8章　超细晶钛镍基形状记忆合金应用与展望

1971 年美国 Raychem 公司成功研制了 TiNiFe 合金液压管路接头, 并应用于 F-14 战斗机, 成为 TiNi 基合金第一个成功的工业应用案例。1977 年美国 3M Unitek 公司即开始销售 TiNi 合金牙齿矫形丝。之后, 研究者根据 TiNi 基合金的功能特性发展了大量的应用产品, 范围涉及航空航天、交通、土木建筑、能源、机械等众多工业领域与生物医用领域[1]。与粗晶材料相比, 超细晶 TiNi 基合金具有更加优异的形状恢复特性、生物相容性等。目前, 超细晶 TiNi 基合金的部分应用已经进入市场。本章主要总结超细晶 TiNi 基合金的应用, 并对其应用前景进行了展望。

8.1　超细晶钛镍基合金的工程应用与展望

8.1.1　紧固连接件

紧固连接件是 TiNi 基合金最成功的工程应用之一。图 8-1 所示为美国 Instrinc Devices 公司开发的系列 TiNi 基合金紧固连接件。其基本原理是记忆合金构件的约束恢复特性。当构件发生形状恢复时, 利用被连接件对其进行位移限制, 以致构件形状无法达到自由恢复时的尺寸, 从而导致记忆合金紧固连接件对被连接件产生一定的连接或紧固力。现有记忆合金管接头适用于工作压力低于 34.3MPa 的低压管路系统[2], 对工作压力更高的工作场合则无能为力。超细晶 TiNi 合金的恢复力约为粗晶材料的 3 倍[3]。这意味着利用超细晶 TiNi 基合金加工管接头有望进一步提高现有产品的可靠性和拓宽其在高压管路连接方面的应用。在这方面, 考虑管接头的尺寸, 等径角挤压处理 TiNi 基合金是一个适当选择。超细晶 TiNiFe 合金加工的管接头如图 8-2 所示[4]。研究发现[5], 采用等径角挤压处理的超细晶 $Ti_{50}Ni_{47}Fe_3$ 合金加工的管接头, 其比紧固力约为 1144N/mm, 是相应粗晶合金(554N/mm)的两倍, 从而可以为高压管路提供更牢靠连接。

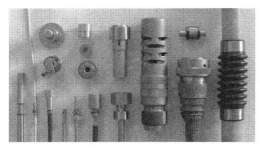

图 8-1　美国 Instrinc Devices 公司开发的 Unilok^{TM} 系列 TiNi 基合金紧固连接件

图 8-2　超细晶 TiNiFe 合金制备的管接头

8.1.2　驱动元件

　　TiNi 基合金的驱动元件按照结构可分为两类：一类是利用棒材、丝材或板材等型材作为驱动器。圆柱状驱动器主要用于航空航天工业中常见的载荷释放、船舶工业中的压载释放、浮标分离等场合。在这方面，美国 TiNi Aerospace 公司形成了系列产品。20 余年来，该公司产品共完成了超过 5000 次的释放任务，无一例失败[6]。丝材驱动器则可用于战斗机进气口控制[7]以及组成桁架结构驱动变体机翼[8, 9]等。板材驱动器已经用于驱动飞机的混流装置[10]和电力行业中的隔离开关[11]等。图 8-3 给出了部分应用产品或原型。另一类是利用 TiNi 基合金弹簧作为驱动器，用于温度控制器与分流阀等[12]，典型产品已经在日本新干线列车上获得应用，如图 8-4 所示[13]。

　　在这方面，超细晶 TiNi 基合金驱动应变大、驱动力高，具有优厚的技术优势。TiNi Aerospace 生产的型号为 FC4 的驱动器释放力约为 11120N，包括加热元件在内的驱动器外径仅为 2.41cm[6]。该类驱动器用记忆合金可直接利用等径角挤压制备的超细晶合金加工，能够进一步提高驱动力和减小驱动器尺寸。等径角挤压与其他塑形变形工艺相结合，有望为驱动器提供原材料。例如，Pushin 等已经利用等径角挤压与拉拔结合的工艺制备了长度接近 1m、直径为 6 mm 的棒材[14]；等径角挤压与轧制结合则可加工较厚的超细晶合金板材[15]。冷拔或冷轧可直接提供直径小或厚度薄的型材。

　　可见，超细晶 TiNi 基合金在作为驱动元件方面具有极大潜力。然而，若要全面取代现有粗晶材料，还存在若干关键工艺问题需要解决。例如，超细晶 TiNi 基合金批量化制备、机械加工、定型处理以及弹簧绕制等。

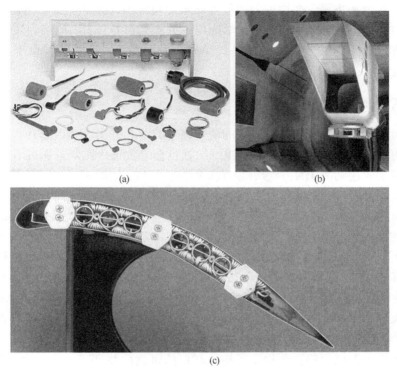

图 8-3　(a)美国 TiNi Aerospace 公司生产的部分驱动器[6], (b)装有 TiNi 合金束的 F-15 战斗机的进气口在风洞实验中的照片[7]与(c)TiNi 合金驱动的变体机翼[8]

图 8-4　新干线 Nozomi-700 型列车
插图为记忆合金弹簧与偏置弹簧组成的油位调节装置

8.2　超细晶钛镍基合金的生物医学应用与展望

如第 4 章与第 5 章所述, 超细晶 TiNi 基合金具有较粗晶合金更加优异的腐蚀抗力、生物相容性, 并且表现出一定的生物活性。结合其高强度、高恢复应变与高恢复力的特点, 超细晶 TiNi 基合金在某些生物医学应用具有较强的优势。如在植入器械方面, 高强度有助于实现器械小型化, 拓宽器械的适用范围。在矫形外科用骨科器械方面, 高约束力往往意味着更可靠的连接和更快的骨愈合。然而, 超细晶 TiNi 基合金在部分生物医学应用中并不是最佳选择, 如齿科矫形丝和根管锉, 前者是因为其较高的诱发马氏体相变临界应力, 后者则是由于其较低的疲劳寿命。

8.2.1　齿科植入器械

齿科种植体已经成为国际公认的缺牙修复的首选方案。常见的 Ti 种植体并不能用来将牙齿与颚骨相连, 同时骨组织缺损也会导致植入困难。研究者利用等径角挤压制备的超细晶 TiNi 合金开发了系列植入器械, 如图 8-5[16]所示。其中 TAL-1 是一类连接齿根与颚骨的种植体, 包括骨内部分和骨外部分, 如图 8-5(a)所示。骨内部分由超细晶 TiNi 合金加工而成。骨外部分上加工有人工牙齿种植需要的螺纹。TAL-1 的植入分为四个步骤: ①根据患者情况, 将骨内部分在母相状态下弯曲; ②在马氏体状态下将骨内部分矫直并置入温度较低的酒精或液氮中; ③自齿根至颚骨加工出笔直的通道; ④将种植体置于通道内, 由于温度升高发生形状记忆效应, 种植体被固定在通道内。图 8-5(b)与(c)所示的种植体主要用来替代缺失牙。TAL-4 主要用于扩大狭窄的颚骨, 属于一种临时器械。应用 TAL-4 大约 3、4 周后, 颚骨可长大数个毫米。TAL-5 的作用与 TAL-4 类似, 用在 TAL-3 植入之前。

上述植入器械优势在于提高了植入材料的可靠性并且减小了尺寸, 从而使植入物能够适应更为复杂的齿科植入环境。临床实验表明, 上述器械植入人体 3 年后, 成功率为 93.4%[16], 略高于粗晶合金(90.14%)[17]。

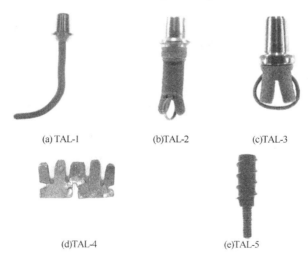

(a)TAL-1　　　　(b)TAL-2　　　　(c)TAL-3

(d)TAL-4　　　　(e)TAL-5

图 8-5　利用等径角挤压制备的超细晶 TiNi 合金生产的 TAL®齿科植入器械

8.2.2　矫形外科

TiNi 合金在矫形外科的应用多是利用其形状记忆效应, 其在形状恢复过程中, 对骨组织产生力的作用, 从而实现固定或矫正的治疗功能[18]。与传统不锈钢或钛合金器械相比较, TiNi 合金骨科内固定器械不需要螺母、螺钉等辅助内固定器材, 可尽量避免钻孔、锲入等人为损伤性操作。目前临床常见的 TiNi 合金骨科器械主要有加压骑缝钉、加压接骨器、环抱内固定器、颅骨成形板、脊柱矫形棒、耳矫形器等[18]。

超细晶 TiNi 基合金在某些器械方面有潜力取代粗晶合金, 例如加压接骨器、环抱内固定器等, 可获得更大的恢复力, 减小骨孔隙率和促进骨愈合。针对具体需求, 对超细晶 TiNi 合金进行特种处理也可进一步改善现有器械的治疗效果。例如, 某些患者的脊柱可能需要分阶段进行矫形, 普通记忆合金脊柱矫形棒为均质材料, 其相变温度均匀, 一次加热可导致矫形棒整体发生形状恢复。如果采用超细晶 TiNi 合金棒材与梯度退火处理相结合获得相变温度呈特定分布的棒材, 即可能根据矫形情况, 分阶段实现对脊柱的矫形。

8.2.3　微创治疗器械

图 8-6 所示为结石提取器械[19]。该器械前端为超细晶 TiNi 合金丝材编织的网篮, 主要用于自输尿管、胆管等部位提取结石。

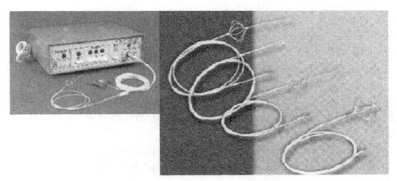

图 8-6　结石提取装置实物图

图 8-7 所示为利用超细晶 TiNi 合金制备的血管夹[4]。该器械主要用于腹腔镜手术中止血。测试表明, 使用超细晶合金制备的血管夹的可恢复应变与复位力是粗晶合金血管夹的两倍。这有利于提高器械的响应, 减少手术时病人的创伤。

图 8-7　超细晶 TiNi 合金血管夹

参 考 文 献

[1] Mohd Jani J, Leary M, Subic A, et al. A review of shape memory alloy research, applications and opportunities. Materials & Design, 2014, 56(4): 1078-1113.

[2] 景绿路, 关德富, 樊力伟. NiTiNb 形状记忆合金管接头研究. 飞机设计, 2002, 2: 52-56.

[3] Prokoshkin S, Brailovski V, Korotitskiy A, et al. Formation of nanostructures in thermomechanically-treated Ti-Ni and T-Nb-(Zr, Ta)SMAs and their roles in martensite crystal lattice changes and mechanical behavior. Journal of Alloys and Compounds, 2013, 577(11): S418-S422.

[4] Prokofyev E, Gunderov D, Prokoshkin S, et al. Microstructure, mechanical and functional properties of NiTi alloys processed by ECAP technique. 8th European Symposium on Martensitic Transformations. Prague, Czech Republic, 2009: 06028.

[5] Prokoshkin S D, Belousov M N, Abramov V Y, et al. Creation of submicrocrystalline structure and improvement of functional properties of shape memory alloys of the Ti-Ni-Fe system with the help of ECAP. Metal Science and Heat Treatment, 2007, 49(1): 51-56.

[6] http: //www.tiniaerospace.com/.2016-10-08.

[7] Sanders B, Crowe R, Garcia E. Defense advanced research projects agency - Smart materials and structures demonstration program overview. Journal of Intelligent Material Systems and Structures, 2004, 15(4): 227-233.

[8] Elzey D M, Sofla A Y N, Wadley H N G. A bio-inspired, high-authority actuator for shape morphing structures. Proceedings of SPIE - The International Society for Optical Engineering, 2003, 5053: 92-100.

[9] 李杰锋, 沈星, 杨学永. 形状记忆合金在变体机翼中的应用现状. 材料导报, 2014, 28(7): 104-108.

[10] Hartl D J, Lagoudas D C. Aerospace applications of shape memory alloys. Proceedings of the Institution of Mechanical Engineers, Part G: Journal of Aerospace Engineering, 2007, 221(4): 535-552.

[11] http: //www.gjsma.com/index.asp.2016-8-15.

[12] 郑玉峰, Liu Y. 工程用镍钛合金.北京: 科学出版社, 2014.

[13] Otsuka K, Kakeshita T. Science and technology of shape-memory alloys: New developments. MRS Bulletin, 2002, 27(2): 91-98.

[14] Pushin V G, Valiev R Z, Zhu Y T, et al. Effect of equal channel angular pressing and repeated rolling on structure, phase transformations and properties of TiNi shape memory alloys. Materials Science Forum, 2006, 503-504: 539-544.

[15] Pushin V G, Stolyarov V V, Valiev R Z, et al. Nanostructured TiNi-based shape memory alloys processed by severe plastic deformation. Materials Science and Engineering A, 2005, 410-411:

　　　386-389.

[16] Afonina V S, Borisenko N I, Gizatullin R M, et al. Application of nanostructural nickel titanium implants with shape memory effect to modern dental practice. 8th European Symposium on Martensitic Transformations. Prague, Czech Republic, 2009: 07001.

[17] 戴永雨, 徐明. 镍钛记忆合金种植体临床应用. 北京口腔医学, 1999, 7(3): 113-115.

[18] 郑玉峰, 赵连城. 生物医用镍钛合金. 北京: 科学出版社, 2004.

[19] Pushin V G. Structures, properties, and application of nanostructured shape memory TiNi-based alloys. Nanomaterials by Severe Plastic Deformation: Wiley-VCH Verlag GmbH & Co. KGaA, 2005: 822-828.